MARK
麦客文化

我的料理小时代

1

60道最幸福的烘焙

凌尒尒 著

 化学工业出版社

·北京·

本书中，凌尒尒将与大家分享60道她最得意的烘焙料理，有"吃了会微笑的魔法面包""让你爱不释口的鬼马糕点""烤出幸福味的聪明饼干"和"达到星级享受的梦幻点心"。每道烘焙都有创意灵感的表达，有详尽的制作步骤，从材料到准备工作再到具体制作，步步到位，还有贴心的"凌尒尒说"，提醒你在制作过程中要注意的各种小问题。除此之外，凌尒尒还将无私共享她常用的烘焙材料和模具。

图书在版编目 (CIP) 数据

我的料理小时代 1：60 道最幸福的烘焙 / 凌尒尒著 .
北京：化学工业出版社，2015.1(2015.2重印)
ISBN 978-7-122-21478-2

Ⅰ.①我… Ⅱ.①凌… Ⅲ.①烘焙 - 糕点加工 Ⅳ.
① TS213.2

中国版本图书馆 CIP 数据核字 (2014) 第 172121 号

责任编辑：张　曼　龚风光　　　　　　　　　　装帧设计：谷声图书
责任校对：陈　静

出版发行：化学工业出版社（北京市东城区青年湖南街 13 号　邮政编码 100011）
印　　装：北京方嘉彩色印刷有限责任公司
710 mm×1000 mm 1/16　印张 13　字数 170 千字　2015 年 2 月北京第 1 版第 2 次印刷

购书咨询：010-64518888（传真：010-64519686）
售后服务：010-64518899
网　　址：http：// www.cip.com.cn
凡购买本书，如有缺损质量问题，本社销售中心负责调换。

定 价：39.80 元　　　　　　　　　　　　　　　　版权所有　违者必究

目 录
contents

part 01

凌介介说烘焙那些事儿

part 02

20道吃了会微笑的魔法面包

目录
contents

part 03

20道让你爱不释口的鬼马糕点

目 录
contents

目 录
contents

part 04

10道烤出幸福味的聪明饼干

part 05

10道达到星级享受的梦幻点心

- 粉类原料 -

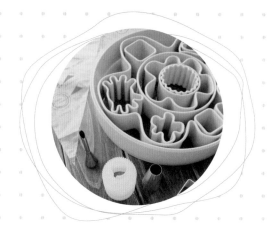

- 模具工具 -

- 蛋糕纸模 -

* 凌尔尔说烘焙那些事儿 *

　　烘焙，如今已越发普及，走入寻常百姓家，有的人是出于爱好，有的人是为了家人身体健康。烘焙是一件很有意义的事。很多人问我：想在家里烤面包了，请问要买多大的烤箱？还要配置哪些工具？关于家庭烘焙需要用到的原料、材料、工具等，我来做一下详细的介绍。♥

常见原料

一、面粉类

高筋面粉

中筋面粉

低筋面粉

小麦胚芽

全麦粉

黑麦粉

① 高筋面粉

高筋面粉是指面粉的蛋白质含量平均为 13.5%，蛋白质含量高，因此筋度强。这里需要提醒的是，各个品牌面粉的吸水性不同，即使是同样的面包配方，同样写用高筋面粉，但是由于使用的面包粉品牌不同，制作时面团有可能会出现偏软或偏硬的情况。为了使更多读者更方便地购买及操作，本书使用的高筋面粉，均是从普通超市采购的。若读者在制作过程中发现面团软了或硬了，可以适当增减水量或粉量来做微调。

② 中筋面粉（饺子粉）

中筋面粉的蛋白质含量平均为 11% 左右。它是常用来制作馒头、饺子的普通面粉，名称通常为"精致饺子粉"。此款面粉筋度介于高筋面粉和低筋面粉之间，本书中的比萨均用此种面粉制作饼底。它亦可用来制作面包，由于筋度较低，因此面包口感会比由高筋面粉制作的面包更软。

③ 低筋面粉

蛋白质含量平均为 8.5% 左右，因此筋度弱，常用来制作口感柔软、组织疏松的蛋糕、饼干等。

④ 小麦胚芽

小麦胚芽又称麦芽粉、胚芽，金黄色颗粒状，约占整个麦粒的 2.5%，含丰富的维生素 E、B1 及蛋白质，是小麦中营养价值最高的部分。加入配方中不仅能增加食物的营养价值，还能增加风味。

⑤ 全麦粉

本书中的全麦粉指的都是"全麦面包粉"，是由麦壳连米糖及胚芽内胚乳碾磨而成的一种带麸质的面粉。在烘焙中，这种带有小麸皮的面粉一般被用于制作全麦面包，可增加面包的口感及风味。

⑥ 黑麦粉

黑麦粉由黑麦磨制而成。除小麦外，黑麦是唯一适合做面包的谷类，但缺乏弹性，常同小麦粉混合使用。黑麦粉常被用于欧式面包的制作。制作面包时加入黑麦粉，可使面包的营养升级。

二、糖

白砂糖
精致白砂糖
糖粉

① 白砂糖

南方的白砂糖多为甘蔗提取，颗粒比较粗。北方则会从甜菜中提取糖。

② 精致白砂糖

市售白砂糖根据砂糖颗粒和提纯程度的不同而标明，还有一种名为"精致白砂糖"，颗粒比普通白砂糖更加细小。烘焙时，最好选用精致白砂糖，用这种砂糖制作出来的甜品或面包成品效果较好。

③ 糖粉

有些人喜欢用细如粉状的砂糖来打发成品，能使组织更加细致。这种加工过的砂糖成本较高，烘焙店一般都有出售。不过作者建议，若家中有食物料理机，完全可以用研磨杯来自己加工白砂糖，把糖磨成细糖粉。糖粉在面糊搅拌时较易溶解均匀，并能吸附较多油脂，乳化作用更好，用于打发蛋白、打发黄油时最为细腻好用。每次烘焙前，称量出所需分量，用研磨机现磨现用。不建议一次性磨很多放置慢慢使用，因为糖粉组织更细，更易吸潮结块，不宜久存。

还有一种糖粉是经过特殊加工处理的，市场上称为"防潮糖粉"，该糖粉不易吸潮，常被用于作蛋糕表面装饰。

三、辅助烘焙粉

泡打粉
酵　母
苏打粉

1. 泡打粉

泡打粉是一种复合疏松剂，又称为发泡粉和发酵粉，在烘焙里主要用作蛋糕的膨松剂来使用。泡打粉除了可用于做蛋糕、饼干外，还可用于做一些中式面食。泡打粉是由苏打粉配合其他酸性材料，并以玉米淀粉为填充剂的白色粉末。泡打粉在接触水时，酸性及碱性粉末同时溶于水中会起反应，有一部分会释出二氧化碳（CO_2），在烘焙加热的过程中，还会释放出更多的气体，这些气体能使食物达到膨胀及松软的效果。

2. 酵母

西式面包、中式馒头包子等，均会使用酵母作为膨松剂。发酵是指酵母与糖作用，产生二氧化碳和酒精的过程。在烘焙中，酒精受热蒸发，二氧化碳则会膨胀，进而起到增大产品体积的效果。面团中的糖一般有两个来源，一个是面粉中经酶转化而来的，也就是淀粉中的麦芽糖。另一个是配方里的糖，糖能帮助酵母产生活性，有助于面团更好地发酵。

如今市售的酵母有很多种，本书中使用的都是耐高糖的快速干酵母。除此之外，还有普通快速干酵母（一般用于制作普通的馒头）、干酵母、鲜酵母，以及自行培育的天然酵种等。

3. 苏打粉

苏打粉学名碳酸氢钠，俗称小苏打，遇水和酸能释放出二氧化碳，从而使制作的食物膨大。在此需要注意，含有苏打粉的面糊，制作完成后最好立即烤焙，否则放置时间久了会使苏打粉略有失效，达不到预期效果。苏打粉还能中和一些酸性物质，例如配方里若有酸奶、果汁、蜂蜜等原料，则可以加些小苏打来中和酸度。

四、烘焙奶制品

奶　粉
牛　奶
酸　奶
淡 奶 油
奶油奶酪
黄　油

1. 奶粉

奶粉是将牛奶除去水分后制成的粉末，添加在面包或者饼干蛋糕中，能起到增加风味的作用。

2. 牛奶

牛奶是奶牛的乳汁，在烘焙中的运用很广泛，可代替一部分水来增加产品的风味，是不可缺少的烘焙原料之一。

3. 酸奶

酸奶是以新鲜的牛奶为原料，经过巴氏杀菌后再向牛奶中添加有益菌，经发酵后，再冷却灌装的一种奶制品。将酸奶运用于烘焙中，不仅能给食物增加风味，若运用在面包制作中，还能作为天然面包改良剂使用，制作出的面包不仅口感松软，而且就算多放置几日也一样可以保持湿软度。

4. 淡奶油

淡奶油的英文名为 whipping cream，有的配方里称其为鲜奶油，油脂含量通常为 35% 左右，易于搅拌打稠，常用来做蛋糕裱花，也可用于面包和夹馅的制作中，是烘焙中常用的原料之一。

5. 奶油奶酪

奶油奶酪的英文名为 cream cheese，是一种未成熟的全脂奶酪，色泽洁白，质地细腻，口感微酸。奶油奶酪质地柔软，未经熟化，脂肪含量在 35% 左右，主要被运用于奶酪蛋糕的制作中，亦可作为其他食品的原料，例如本书中的乳酪挞、乳酪饼干等。

6. 黄油

有些配方里也称黄油为奶油，它是用牛奶加工而成的。它是将新鲜牛奶加以搅拌之后，上层的浓稠状物体滤去部分水分之后的产物。

新鲜的黄油含有大约 80% 的脂肪，15% 的水和 5% 的牛奶固体。常见的黄油有含盐和不含盐两种，烘焙中最常使用的是无盐黄油。如果使用有盐黄油，则配方中的盐量要相应地减少。

五、粉类原料

可可粉
抹茶粉
黄金芝士粉
海苔粉

1. 可可粉

可可粉是从可可树结出的果实里取出的可可豆，经发酵、粗碎、去皮等工序得到的可可豆碎片（通称可可饼），由可可饼脱脂粉碎之后的粉状物。在烘焙中使用可可粉，能使食物带有一股巧克力的香味，它常常被用来制作巧克力蛋糕、巧克力面包、巧克力饼干等。

2. 抹茶粉

抹茶粉是以遮阳茶所做的碾茶为主要原料，用茶叶超细粉机碾磨而成的茶叶微粉。在烘焙中，使用抹茶粉能使食物带有一股茶品的清香，颜色青翠靓丽。

3. 黄金芝士粉

黄金芝士粉是近几年开始流行的烘焙辅助原料之一，由百分百纯乳酪制作而成，不添加任何添加剂，带有微微的咸，是由奶酪经过特殊工艺的高度提纯、浓缩后制成，其色泽金黄，香味浓郁，常被用于面包、蛋糕、饼干等糕点的制作中，增加食物的风味。

4. 海苔粉

海苔粉由天然海苔经过烘焙，研磨加工而成，使用在烘焙中，能增加食物的风味。

六、巧克力

巧克力砖
巧克力豆
巧克力币

1. 巧克力砖

大块的巧克力砖常用来刨成巧克力丝，既可装饰蛋糕，亦可作为烘焙原料。

2. 巧克力豆

把巧克力制作成颗粒较小的巧克力豆，在制作时常被作为烘焙辅料加入蛋糕、面包、饼干中。

3. 巧克力币

各个品牌厂家出的巧克力币形状各有不同，如图所示，有些做得较大，有些做得较小，这样的巧克力主要是用来作为烘焙原料使用，常隔水加热融化成巧克力浆，用来裹饼干装饰，或者淋在蛋糕表面作为装饰。

巧克力豆的颜色不同，所含的可可脂含量不同，配方里的成分亦有所不同（如图所示），颜色较黑的巧克力豆可可脂含量为75%，且糖的含量极少，制作巧克力蛋糕味道浓郁。颜色较浅的巧克力豆可可脂含量为55%，味道较前者淡，口味较甜。

七、烘焙原料

杏　仁

杏仁角

杏仁粉

蔓越莓果干

核　桃

烘焙原料的选择多种多样，这里无法一一列举出来，都是在制作点心烘焙时，为了增加食物的风味和口感而适当加入的一些原料。本书中常用的有以下几款：杏仁、杏仁角（将大颗杏仁加工成粗颗粒）、杏仁粉、蔓越莓果干、核桃。您可以根据自己的喜好来选择，例如葡萄干、无花果干、金橘、圣女果干等。

常见模具工具

一、吐司模和磅蛋糕模

1. 吐司模

450克吐司模：标准吐司模，用于制作吐司面包。

2. 磅蛋糕模

制作重油磅蛋糕时使用，亦可作为面包模烘焙面包。不过，如果是阳极模（非不粘模），请在磅蛋糕模内薄薄地抹一层黄油后再制作面包。

二、纸模

1. 杯子蛋糕纸模

制作杯子蛋糕时将使用这种模具。有的杯子蛋糕纸模较薄，需要套上蛋糕模，如六连蛋糕模、蛋挞模等再烘焙蛋糕。质地较厚的则不用。

2. 面包纸模

制作面包时，把整好型的面胚放在面包纸模中烘焙，方便制作及整理。

3. 塑料慕斯杯

塑料慕斯杯用于盛放杯状软身慕斯。

三、六连蛋糕模

用作杯子蛋糕连模、蛋糕模、布丁模、蛋挞模来使用。

四、戚风蛋糕脱模刀和锯齿刀

1. 戚风蛋糕脱模刀

戚风蛋糕脱模刀的刀身细薄柔软，专门用于给戚风蛋糕脱模，若无此工具，可用较薄的小刀来代替。

2. 锯齿刀

锯齿刀在切面包及蛋糕时使用。

五、擀面杖毛刷等

1. **普通擀面杖**
   制作面点食品都需要用到。

2. **浮点排气擀面杖**
   擀面杖带有白色凸起，擀面团时能有助于排气，制作面包时常会使用到。

3. **毛刷、硅胶刷**
   用于在蘸取水分、蛋液等后，刷面包、饼干表面以帮助烤焙上色。

4. **橡皮刮刀**
   用于制作蛋糕时翻拌面糊使用。

5. **刮板、切面刀**
   制作面点时，帮助和面的辅助工具。

六、饼干模裱花嘴等

1. **饼干模**
   饼干模为饼干切割出相应形状，使制作出来的饼干更加精美。

2. **裱花嘴**
   裱花嘴有很多不同的形状，奶油打发后用裱花嘴可挤出不同的漂亮形状，同时可用于曲奇饼干的制作。

3. **裱花袋**
   裱花袋配合裱花嘴使用，用于盛装打发的淡奶油或各式饼干面糊等。

七、油纸油布和硅胶垫

1. 一次性不粘油纸

这种油纸多用于制作蛋糕卷时使用，也可用于烤面包、烤饼干等铺在烤盘里作垫纸。方便、卫生、价格实惠，使用完即可丢弃。

2. 高温油布

可反复清洗使用，多用于烤焙面包、饼干时作烤盘垫布使用。

3. 硅胶垫

硅胶垫耐高温，可用于烤焙面包、饼干作烤盘垫使用，也可在揉面时作垫板使用。质地较厚实，可反复清洗，多次使用。

4. 圆形蛋糕油纸

一些油纸生产厂家推出的新产品，方便烤焙蛋糕时放在圆形蛋糕模内作蛋糕底部垫纸使用，按蛋糕模型号划分大小，如六寸、八寸、十寸等。

八、戚风蛋糕模

1. 戚风蛋糕模

这种蛋糕模有多种形状，如圆形、正方形、心形等，多用来制作戚风蛋糕使用。也可烤焙其他蛋糕，即使是面包也可以放在这个模具内烤焙。

2. 中空戚风模

中间带着烟囱的中空戚风模，能使戚风蛋糕在烤焙时顺着中间的烟囱爬得更高，烤焙出来的蛋糕组织更好，成品更漂亮。

- 土豆面包 -

- 黑麦橄榄油核果包 -

- 玉米面小法包 -

part
02

20 道吃了会微笑的魔法面包

面包，史上最有安全感的"人造果实"。如何让一个普通的面包，嚼出不一样的满足感呢？打破常规，做个可爱造型的面包；加入山药、红枣等，提升它的营养价值；或者，撒点儿香葱，加入台湾香肠，来个重口味……总之，入口的那一刻，除了满足外，还会有惊喜。❤

· 土豆面包 ·

·土豆面包·

吃出面包新趣味

　　大同小异的面包，是否让你有点儿厌倦呢？来款土豆面包吧。不仅是大家喜欢的绵香土豆味，就连外形都像极了土豆，真是营养、好吃又可爱。最关键的是，制作过程非常简单，一学就会。

材料（可制作土豆面包6个）

面　团： 高筋面粉150克、低筋面粉50克、牛奶70克、水65克、细砂糖5克、盐2克、
　　　　黄油5克、酵母2.5克、黑胡椒粉1克
馅　料： 土豆150克、黑胡椒粉1克、盐2克、软化黄油20克

准备

土豆洗净去皮切块，放在微波炉专用碗中，盖上盖子，调微波炉高火转三分半钟，用擀面杖等器皿把土豆捣成泥，最后加入馅料配方中的盐、黑胡椒粉和软化黄油，一起拌匀即可。

制作步骤示意图

图1

图2

图3

制作步骤

1. 将面团材料中除了黄油外的所有原料混合均匀，揉面，直到面团表面光滑，可以拉出一层强韧、较厚的筋膜。

2. 加入黄油继续揉面，使黄油和面团完全融为一体。

3. 继续揉面至面团软又光滑，切一小块面团检视，能将面团轻松拉出一层透明薄膜的程度，揉面完成。

4. 将面团重新整圆后放入干净的盆中，盖上保鲜膜放温暖处发酵。（图1）

5. 待面团发酵至两倍大后取出排气，称量面团，平均分割成6份，滚圆后盖上保鲜膜松弛15分钟。

6. 把面团压成圆形，包入事先准备好的土豆馅，收好口，整成椭圆橄榄型。（图2）

7. 把面胚放在铺好油布的烤盘内，盖上保鲜膜放在温暖处进行二次发酵。

8. 发酵完成后取出面团，用筷子叉出不规则的小洞，向面胚上喷水。（图3）

9. 预热烤箱至200℃，放置中层烤焙17分钟即可。

凌尒尒说

土豆又叫马铃薯，是一种低脂、低卡、高营养的食材。既能饱腹，又不怕发胖。即使"新膳食指南"将产能较低的谷类和薯类列为主食，多吃也不怕体重增加。❤

豆浆豆渣贝果

·豆浆豆渣贝果·

巧思妙用豆渣做出健康新美味

　　香浓美味的自榨豆浆喝完后，豆渣扔掉岂不是太可惜！殊不知，以浓醇豆浆制作的贝果，加入豆渣后，不仅美味，而且营养价值加倍提升。贝果面包的配方低油少糖，可以作为主食面包食用，搭配甜果酱或者其他咸味肉菜均可。

材料（可制作豆浆豆渣贝果 6 个）

高筋面粉 255 克、豆渣 30 克、豆浆 160 克、酵母 3 克、糖 15 克、盐 3 克、黄油 9 克

准备

煮贝果糖水。糖和水，按 1:20 的比例配置。

制作步骤示意图

图 1

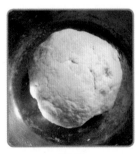

图 2

图 3

制作步骤

1. 将配方里除了黄油外的所有原料混合均匀，揉成一个光滑的面团。（图1）

2. 加入黄油继续揉面，至面团表面光滑均匀。（图2）

3. 面团称重，平均分割成6份，滚圆，盖上保鲜膜松弛10分钟。

4. 将松弛后的面团擀开成横向椭圆形，从上往下折下1/3，压紧，再把下面的1/3翻上去，继续压紧，再将面团上下对折，收紧收口，并把收口朝下放置。

5. 将面胚搓长，一头压扁，另一头围成圈，收在压扁的一头内，并把收口包起，捏紧。

6. 把处理好的面胚放到铺上布的烤盘里，表面盖上保鲜膜，放到温暖的地方发酵至面团的两倍大。

7. 发酵即将完成时取出锅，烧开糖水（配方内），把发酵好的面胚放入糖水内烫煮，两面各30秒，然后立即捞出排入烤盘内。（图3）

8. 烤箱预热至200℃，放置中层烤焙20分钟即可。

凌尓尓说

贝果（Bagel）据说是流行于古代的基督徒中的圆形面包，古代主教石棺画中常出现的圆体面食便是贝果最早的形式。公元1683年，一位奥地利维也纳的烘焙师为了表达对波兰皇从土耳其的入侵中解救奥地利的敬意，特地用酵母发酵的面团做成了最早的贝果圆圈饼。

贝果面包制作简便，不需要像其他软式面包一样需要经过二次发酵，揉好的面团稍微松弛一会儿即可立即整型，一次发酵后放进沸腾的糖水中，两面各烫30秒，取出后即可烤焙。♥

· 咖喱香辣培根包 ·

· 咖喱香辣培根包 ·

超新鲜重口味面包

加入咖喱粉与辣椒粉的面包，口感究竟有多特别和刺激？大家不妨一试。加了这些调料后，面包的色泽金黄，看着非常有食欲。面团内加入培根和奶酪片，一口下去，既吃到香辣味，又吃到奶酪和培根，真是很不错的搭配。这款重口味面包，非常适合喜欢新鲜事物的你哦！

材料（可制作迷你吐司 2 条）

高筋面粉 235 克、低筋面粉 80 克、水 95 克、鸡蛋 40 克、牛奶 80 克、细砂糖 30 克、咖喱粉 3 克、辣椒粉 2 克、盐 5 克、黄油 30 克、培根 80 克、奶酪片 3 片（培根和奶酪片可依自己的喜好增减）

准备

奶酪片和培根片改刀切小片备用。

制作步骤示意图

图 1

图 2

图 3

制作步骤

1. 将除了黄油、培根、奶酪片外的所有原料混合均匀，揉成一个光滑的面团。

2. 可以取一小块面团检视，若能拉出一层强韧、较厚的筋膜，则可进行下一步。

3. 加入黄油继续揉面，使黄油和面团完全融为一体。

4. 继续揉面至面团软又光滑，切一小块面团检视，若面团能轻松拉出一层透明薄膜，则揉面完成。

5. 将面团重新整圆后放入干净的盆中，盖上保鲜膜放至温暖处发酵。

6. 待面团发酵至两倍大后取出排气，重新滚圆面团，将面团切割为 50 克 / 个，约可切割 12 个。重新盖上保鲜膜使面团松弛 15 分钟。

7. 将松弛好的面团擀开，从上往下卷起，收好收口并将收口朝下，盖上保鲜膜继续放置旁边二次松弛。

8. 松弛好的面团继续擀开，排入切成条状的培根和奶酪片，从上往下卷起，二次擀卷完成。（图 1）

9. 把面团排入迷你吐司模，每个吐司模中放 6 个，一共两条。模具表面盖上保鲜膜放置温暖处二次发酵。（图 2）

10. 发酵面团至模具八分满处，表面喷上水（抹蛋液亦可），同时预热烤箱至 180℃。

11. 放置烤箱中下层，180℃烤焙 35 分钟。（图 3）

凌尔尔说

面包出炉后要立即倒出模具，否则焖在模具内的面包会因为湿气入浸而回缩。❤

香橙奶油裂口包·

THE IDEAS

·香橙奶油裂口包·

用橙皮提升香味的秘密

橙子的皮是一大宝物，加入烘焙中可以提香。有些人仅使用橙汁来制作面包，香味是不够突出的，只有加入橙皮，才能凸显出香橙的味道。香橙奶油面包，利用橙皮来增加面包的香味，面包配方里的淡奶油可以有效改善面包的组织，使面筋更加润滑，制作出来的面包口感更好。

· ·

材料（可制作香橙奶油裂口包 8 个）

面　团：高筋面粉 210 克、低筋面粉 40 克、香橙 1 个、牛奶 70 克、淡奶油 90 克、
　　　　蛋清 16 克、黄油 10 克、细砂糖 35 克、盐 3 克、酵母 3 克

装　饰：黄油 40 克

准备

1. 用专用刨丝刀将橙皮刨下，若没有专用刨刀可用普通刨刀或者用刀子切下皮，并改刀成小丁状。

2. 将黄油放入裱花袋内，使其在室温中软化，方便最后挤在面团的表面。

制作步骤示意图

图1　　　　　　　　　图2　　　　　　　　　图3

🥄 制作步骤

1. 将面团材料中除了黄油外的所有原料揉成面团。

2. 继续揉面,可以取一小块面团检视,若能拉出一层强韧、较厚的筋膜,则可进行下一步。

3. 加入面团材料中的黄油继续揉面,直到黄油与面团全部融为一体。

4. 继续揉面至出筋,取一小块面团检视,至面团可以轻松拉出薄膜为止。

5. 将面团重新整圆后放入干净的盆中,盖上保鲜膜放至温暖处发酵。(图1)

6. 待面团发酵至两倍大后取出排气,称重,平均切割成8份小面团。

7. 重新滚圆,盖上保鲜膜松弛15分钟。

8. 取面团擀开成长条形,卷起,整成橄榄形,收好收口并将收口朝下,放入铺了油布的烤盘内。(图2)

9. 将整型好的面团盖上保鲜膜,放到温暖的地方二次发酵。

10. 发酵完成后,用喷壶在面团表面喷上少许清水,用利刀在表面竖着割出一条割痕。

11. 在割痕内挤入软化的装饰用黄油。(图3)

12. 预热烤箱至180℃,放置于烤箱中层烤焙15分钟即可。

凌尒尒说

橙皮只取黄色的表皮部分,内层白色的部分味道有点儿苦,会影响面包的味道,要将这部分切掉。❤

· 香葱咸蛋黄小面包 ·

·香葱咸蛋黄小面包·

咸蛋黄裹入面包的新奇口感

把咸蛋黄裹入面包中,不知道有没有人吃过这种搭配呢? 松软咸口的小面包,裹入香葱和咸蛋黄颗粒,搭配新奇,口感丰富。面包的造型宛如花朵,让小朋友们吃起来爱不释"口"。

🛒 材料

（可用底部直径 4.5cm、上口直径 6.6cm、高 4.5cm 的小纸模做 12 个）

高筋面粉 250 克、低筋面粉 50 克、黄油 30 克、鸡蛋 40 克、水 113 克、牛奶 80 克、酵母 4 克、细砂糖 25 克、盐 5 克,咸蛋黄和香葱适量

🕐 准备

1. 香葱切成葱末。（若不喜欢香葱也可以不准备。）
2. 咸蛋黄切成小颗粒。

🥢 制作步骤示意图

图 1

图 2

图 3

制作步骤

1. 将除了咸蛋黄、黄油、香葱外的所有原料揉成面团。

2. 继续揉面，可以取一小块面团检视，若能拉出一层强韧、较厚的筋膜，则可进行下一步。

3. 加入黄油继续揉面，直到黄油与面团全部融为一体。

4. 继续揉面至出筋，可以取一小块面团检视，面团可以轻松拉出薄膜为止。

5. 将面团重新整圆后放入干净的盆中，盖上保鲜膜放至温暖处发酵。（图1）

6. 待面团发酵至两倍大后取出排气，称重，平均切割成6份小面团。

7. 重新滚圆，盖上保鲜膜松弛15分钟。

8. 取面团擀开成长条形，卷起，收好收口，盖上保鲜膜，放置一边松弛15分钟。

9. 将松弛好的面团再次擀开成长条形，铺上香葱末和咸蛋黄颗粒，卷起。

10. 用线切割面团，把线放置于面团下方，线的首末端在面团上交叉，拉紧切割。

11. 切割好的面团放入小纸模内，盖上保鲜膜放置温暖处，二次发酵。

12. 发酵完成后，在面团表面刷上全蛋液，依喜好撒上适量香葱，不放亦可。（图2）

13. 预热烤箱至180℃，放置中层烤焙17分钟即可。（图3）

凌尔尔说

如何防止面团粘手？有些面团在制作过程中可能水分较高，面团会粘手粘案板，为了更好地操作高水分面团，可以在手上、案板上、擀面杖上都抹一点儿油，起润滑作用，从而有效地防粘。❤

黑麦橄榄油核果包

·黑麦橄榄油核果包·

外粗内细的超健康面包

这一款很健康的主食面包，有营养丰富、麦香浓郁的杂粮黑麦；有油脂丰富，能滋润皮肤的"益智果"核桃；还有那一颗颗宛如红色珍珠般耀眼的酸甜蔓越莓。整款面包吃起来满口留香，且有益于身体健康。最重要的是，这款面包的配方里没有糖，油是健康且少量的橄榄油。别看这面包低脂无糖，但是有了些许蜂蜜的加入，面包吃起来还香甜绵软，是一款有着粗犷外表，内心却柔软丰富的健康面包哦。

材料

面　团：高筋面粉 300 克、黑麦粉 100 克、酵母 4 克、橄榄油 15 克、盐 8 克、蜂蜜 15 克、水 255 克

配　料：核桃 40 克、蔓越莓 40 克（核桃事先掰成小块用 150℃烤 10 分钟，蔓越莓也要切成小块。）

制作步骤

1. 将面团配方中除了橄榄油外的所有原料都倒在一起，揉成光滑的面团。
2. 加入橄榄油，把橄榄油揉进面团中，揉面至面团能拉出筋，膜是基础状态，不用很透明。
3. 把核桃和蔓越莓混合，折叠加入面团中。
4. 面团滚圆，装入深盆中，表面盖上湿布或保鲜膜放置温暖地方发酵至面团两倍大。
5. 将发酵好的面团取出排气，平均分割成两份。
6. 面团分别擀成橄榄形，从上往下卷起，收好收口，放置烤盘中，表面盖上湿布或保鲜膜放置温暖地方二次发酵至面团两倍大。
7. 将发酵好的面团取出，预热烤箱至 200℃，同时，把适量的干面粉撒在面团表面，用利刀在面团表面左右斜刀交叉割口。
8. 200℃，放置于中下层烤焙 30 分钟即可。

胡萝卜泡菜鸡丝包

·胡萝卜泡菜鸡丝包·

辣辣惹人爱的胡萝卜面包

健康低脂的胡萝卜小面包，将胡萝卜泥揉入面团，包体松软，颜色天然金黄，夹入自己喜欢的馅料，亦可选择同样低脂美味的搭配。胡萝卜泡菜鸡丝包，选用最低脂的鸡肉，水煮，拌入香辣的韩国泡菜和低脂沙拉。如此泡菜鸡丝包，绝无仅有，辣辣惹人爱哦。

材料

面 团：高筋面粉 200 克、牛奶 70 克、胡萝卜泥 60 克、细砂糖 20 克、鸡蛋 20 克、
　　　　酵母 2 克、盐 3 克、黄油 20 克

装 饰：白芝麻适量

馅 料：手撕鸡丝 150 克、白菜泡菜 50 克、卷心菜 30 克、白芝麻 5 克、蛋黄沙拉
　　　　酱 20 克

 ### 制作步骤示意图

图 1

图 2

图 3

制作步骤

一、胡萝卜面包准备

胡萝卜洗净去皮，切块，放进微波炉高温碗中，放入微波炉高火转4分钟，取出后用擀面杖等工具捣成胡萝卜泥。

二、胡萝卜面包制作

1. 将面团原料中除了黄油外的所有原料混合均匀，揉成一个光滑的面团。（图1）
2. 继续揉面，可以取一小块面团检视，至能拉出一层强韧、较厚的筋膜。
3. 加入黄油揉面，直到黄油与面团融为一体，可轻松拉出一层透明薄膜的状态。
4. 面团滚圆，放入干净的大盆中封上保鲜膜，放入温暖的地方发酵至原面团的两倍大。
5. 取出面团排气，称量，平均切割面团6份。
6. 面团滚圆，盖上保鲜膜，松弛10分钟。
7. 取面团重新滚圆，表面喷水，蘸上部分白芝麻，放入铺了油布的烤盘中，放置温暖的地方二次发酵。
8. 预热烤箱至180℃，面团发酵完成后入炉烤焙17分钟。（图2）

三、组合

1. 鸡腿洗净，凉水下锅，加块姜，加支香葱，开火，煮的过程中用筷子叉入鸡腿中，把其中的血水放出。
2. 鸡腿下锅后，煮15分钟即可。
3. 取出鸡腿，放入旁边准备好的冰水中，立即收缩鸡腿的肌肉，使其脆嫩。
4. 待凉，用手将鸡腿肉撕成丝状即可。
5. 手撕鸡丝加入切成细末的卷心菜、白菜泡菜、蛋黄沙拉酱、剩余白芝麻等拌匀即可。（图3）
6. 烤好的面包放凉，从上方切割一刀至底但不要把面包切断，夹入泡菜鸡丝馅即可食用。

花生奶酥卷

·花生奶酥卷·

花生卷出的绝佳美味

好友喜食花生，爱的程度让人咋舌。但凡花生或花生制品，通通来者不拒。花生冰激凌、花生蛋糕、花生厚多士、花生酱面包、花生甜汤……这样的朋友，送其礼物真是简便，不用太动脑子想口味，只要花生便可。于是，突发奇想制作一款花生奶酥面包送她。花生酱用纯正农家自磨、不加糖的纯花生酱，质地比一般市售花生酱更加稠厚，因此制馅时需自己再添加一些糖和黄油来调和，香气扑鼻，吃起来满口留香，送给"花生控"最为对味。

 材料

花生奶酥：黄油 60 克、细砂糖 50 克、奶粉 60 克、盐 1 克、鸡蛋 20 克、花生酱 60 克

面　　团：高筋面粉 320 克、低筋面粉 80 克、酵母 5 克、细纱糖 60 克、盐 5 克、牛奶 210 克、鸡蛋 40 克、黄油 40 克、花生碎适量（装饰用）

制作步骤示意图

图1

图2

图3

制作步骤

一、花生奶酥馅制作

1. 黄油室温软化至手指按下可轻松按出指印的程度，用搅拌器打散打匀。

2. 细砂糖分两次加入黄油中拌匀，黄油略发膨大变白。

3. 将鸡蛋打散，分两次加入打散的鸡蛋液，搅拌均匀。

4. 加入奶粉，用刮刀拌匀。

5. 加入花生酱拌匀，花生奶酥馅完成。

二、面包制作

1. 将面团配方里除了黄油外的所有原料搅拌，揉成表面光滑的面团，可以取一小块面团检视，看其能否拉出一层强韧、较厚的筋膜。

2. 加入黄油揉面，直到黄油与面团完全融为一体，继续揉面，至能拉出薄膜。（图1）

3. 面团滚圆，放入深盆，表面盖上保鲜膜或湿布，室温发酵至面团两倍大。

4. 发酵完成，取出面团称重，平均分割成 12 份。

5. 面团包入花生奶酥馅，擀成橄榄型，翻面对折，切4刀，再重新展开，卷起，打结，把收口收入底部，面团排入圆纸模中。（图2）

6. 将所有面团盖上干净湿布，放置于温暖的地方二次发酵至原面团两倍大，表面均刷上全蛋液，撒上花生碎颗粒。（图3）

7. 预热烤箱至 180℃，放置中下层烤焙 17 分钟。

· 酒渍葡萄干面包 ·

·酒渍葡萄干面包·

酒香带出异样的面包麦香

    酒渍葡萄干面包，着实是因一位朋友的唠叨我才想做的，其实我本不爱葡萄干，但一想到"酒渍"我就有点儿感兴趣了，带着些许酒味的面包还能带出麦香。提前一天把葡萄干洗干净，用朗姆酒泡上，第二天要用时把葡萄干捞出用手挤干水分，再用厨房纸擦干后加到面团里，经烘焙后这款酒渍葡萄干面包就成了。淡淡的、微微的酒香，还有颗颗软软的葡萄干，朋友都很喜欢。

🧺 材料

中　　种：高筋面粉 160 克、低筋面粉 50 克、水 120 克、酵母 2 克、盐 3 克、奶粉 6 克

主　面　团：高筋面粉 120 克、奶粉 12 克、盐 3 克、细砂糖 60 克、水 60 克、鸡蛋 20 克、酵母 1 克、黄油 30 克

酒渍葡萄干：葡萄干 50 克，朗姆酒适量

制作步骤示意图

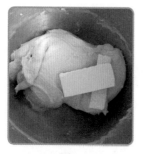

图 1

图 2

图 3

制作步骤

1. 将中种的所有原料全倒在一起揉成团，反复揉匀团成团即可，放入盆中（盆上盖湿布），室温下发酵一个晚上。

2. 第二天早晨将中种撕成小块。将主面团配方中除了黄油以外的所有原料揉成团，直到可拉出一层强韧、较厚的筋膜，将撕成小块的中种加入其中。

3. 加入30克黄油揉到面团中，反复揉面，直到面团柔软，能轻松拉出一层透明的薄膜。（图1）

4. 加入沥干水的葡萄干，揉进面团中。（图2）

5. 面团滚圆，盖上湿布，放到干净的深盆里发酵至两倍大。

6. 面团发酵完成后取出排气，按每份约65克切块。

7. 将面团擀成橄榄形后从上向下卷起，收好收口，排入烤盘。（图3）

8. 预热烤箱至180℃，中下层烤焙18分钟。

凌尔尔说

1. 酒渍葡萄干的制作方法

　　葡萄干洗净泡水至软，沥干水分后加入约15克朗姆酒，把朗姆酒和葡萄干稍搅拌一下，将碗封上保鲜膜或盖子放到冰箱冷藏一天即可。

2. 酒渍葡萄干的使用

　　酒渍好的葡萄干切记一定要挤干水分，并用厚厨房纸吸掉多余水分，使葡萄干外表干燥后才能加入面团，湿湿的不可加哦！❤

玉米面小法包

·玉米面小法包·

"跑偏"的法包更特别

与加了牛油的软式香甜面包相比,法包显得更为质朴。它不花哨,不娇俏,安静地散发出原始面香。因此,法包也被称为"最原始面包",由酵母、面粉、水、盐就可轻松完成。一块法包面团,简单却富有生命力,皮酥脆内绵软,若能吃到刚出炉的法包那绝对是一大幸事。

玉米面小法包,有点儿偏离法包的本质,多加了玉米面,能为面包增添一丝另类的气息。有时候,家庭烘焙不必那么坚持本质,可以跟着自己的想法走,总是能找到另一种新鲜的感觉,创意常常就在一瞬间。

材料

高筋面粉 320 克、玉米面 80 克、水 250 克、盐 4 克、酵母 4 克、薄面粉少许

制作步骤

1. 把所有原料混合均匀,揉成面团。
2. 不断揉面,直到面团表面光滑,能用手拉出膜为止。
3. 面团称重,平均分割成 4 份,滚圆,分别放入碗中发酵,直到面团发酵至原先的两倍大。
4. 面团发酵完成,案板上铺洒薄面粉,把面团小心从碗中扣出,尽量不要破坏里面的气体。
5. 用手轻拍面团成圆形,从下往上折 1/3,再将上面的 1/3 往下折,两头捏紧。
6. 面团翻面排入烤盘中,用利刀竖着划一刀,表面喷水。
7. 预热烤箱至 220℃,把处理好的面团放中层烤焙 25 分钟即可。

台式香肠面包

·台式香肠面包·

非典型台式"热狗"

　　热狗？非也！这款长相与热狗面包相似的夹料面包并非热狗，而是台式香肠面包。台式面包以软、香、甜闻名，选用台湾面包配方，搭配台式香肠，色泽搭配勾人食欲。

　　人们在面包店中挑选面包，先观其色，再观其料，一样食物能一眼被人相中，卖相很关键，好不好吃也很关键。大多数人喜欢吃咸面包，一是对中国人的胃口，二是风味更加复杂，变化多端。这样一款台式香肠面包，最适宜早餐食用。

材料

面 团：高筋面粉 400 克、低筋面粉 100 克、细砂糖 80 克、盐 5 克、酵母 6 克、蛋 50 克、牛奶 280 克、黄油 50 克

夹 馅：台式香肠、生菜各适量，黄芥末少许

制作步骤示意图

图 1

图 2

图 3

制作步骤

1. 将面团配方里除了黄油外的所有原料搅拌，揉成表面光滑的面团，可以取一小块面团检视，看其是否能拉出一层强韧、较厚的筋膜。

2. 加入黄油，把黄油揉进面团中，一直搅拌至面团能拉出透明薄膜为止。（图 1）

3. 把面团滚圆，放进面盆，表面盖上湿布，放在温暖的地方发酵至面团两倍大。

4. 发酵完成后取出面团排气，切割面团 60 克 / 个。（图 2）

5. 取面团擀开成橄榄型，从上往下卷起成橄榄型，收好收口，把面团摆入烤盘中。（若有模具也可以不用烤盘。）

6. 面团发酵完成，表面喷水。

7. 预热烤箱至 180℃，放置中下层烤焙 18 分钟。（图 3）

8. 烤制台式香肠。

9. 烤好的面包放凉，食用前从中剖一刀，夹入生菜和事先已烤好的台式香肠，表面挤上黄芥末即可。

凌尔尔说

市面上的香肠种类很多，其中有一种叫台湾香肠，口感微脆，肉香中带有特有的清甜味，是一种风味独特的香肠。如果没有买到台湾香肠，换成其他的香肠也可以哦。♥

椰蓉卷卷包

· 椰蓉卷卷包 ·

椰蓉卷出的朵朵小花儿

椰蓉面包一直以来都是烘焙西点中颇受大众喜爱的。不管是做面包还是做蛋糕，抑或是甜品装饰，"椰蓉君"一直都给人清新靓丽的感觉。这款椰蓉卷卷包，取花形慕斯圈作为模具，将制作好的面团摆放其中，烤出可爱的花朵形椰蓉包，每个小花蕊中都有椰蓉哦，相信家中的小朋友会喜欢的。

材料

椰蓉馅：椰丝 200 克、牛奶 70 克、黄油 100 克、鸡蛋 100 克、细砂糖 100 克

面　团：高筋面粉 400 克、低筋面粉 100 克、牛奶 270 克、鸡蛋 50 克、细砂糖 60 克、盐 6 克、酵母 5 克、黄油 50 克

制作步骤示意图

图1

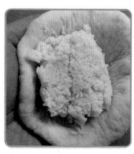
图2

图3

制作步骤

一、椰蓉馅制作

1. 黄油切小块，室温软化到手指轻按下即可出现指印的程度。

2. 用搅拌器把黄油搅拌顺滑，再将鸡蛋分次加入黄油，搅拌均匀。

3. 分两次加入细砂糖，把黄油拌匀至顺滑，加入椰丝搅拌均匀。

4. 将牛奶慢慢加入椰丝黄油中，搅拌均匀，椰蓉馅完成。

二、面包制作

1. 将面团配方里除了黄油外的所有原料搅拌，揉成表面光滑的面团，可以取一小块面团检视，看其能否拉出一层强韧、较厚的筋膜。

2. 加入黄油揉面，直到黄油与面团完全融为一体。继续揉面至检视面团时，面团能拉出一层薄膜。（制作小餐包，面筋只需要揉到扩展阶段，膜不用太透。）（图1）

3. 把面团装入深盆中，表面盖上湿布或保鲜膜，放置于温暖的地方发酵至面团两倍大。

4. 取出面团排气，称重，平均分割15份，每份大约62克。

三、卷法和烤焙

1. 面团滚圆，盖上湿布或保鲜膜松弛15分钟。

2. 将花形慕斯圈抹上配方外的黄油，烤盘铺上油布。

3. 花朵卷卷包做法：取1小块面团，擀开成椭圆状长条面片，铺上椰蓉馅，面团从上往下卷起，包好底部收口。取一根线放置于面团底部，线的两端在面上交叉拉紧，把面团平均切割两半。切割面朝下装入慕斯圈内，分列排好，中间要有小空间，利于其稍后膨大。（图2、图3）

4. 发酵完成后表面喷水。

5. 预热烤箱至18℃，放置烤箱中下层烤焙30分钟。

南瓜豆沙花朵包

·南瓜豆沙花朵包·

制作花朵面包的不败秘诀

　　花式的面包看起来比一般的面包更加讨喜，做法很简单，很适合新手操作。制作的时候，只需要小心对着圆面胚对向剪出4刀，注意中心点部位要留出大约一枚一元硬币大小的位置，不要剪得太靠里面。剪好对向的开口后，剩下的就是向着两个开口的中间位置再各剪一刀，4处4刀，一个面胚上一共剪出8个开口就算完成造型了。

材料

高筋面粉200克、低筋面粉50克、南瓜泥100克、牛奶40克、蛋清25克、酵母3克、盐3克、细砂糖30克、黄油25克

准备

南瓜洗净去籽去皮，切成小块，放入高温碗中盖上盖子，微波炉大火转3分钟后取出，用擀面杖或搅拌机搅成南瓜泥。

制作步骤示意图

图1

图2

图3

制作步骤

1. 将除黄油外的所有原料搅拌，揉成表面光滑的面团。

2. 可以取一小块面团检视，看其能否拉出一层强韧、较厚的筋膜。

3. 加入黄油继续揉面，使黄油和面团完全融为一体，直到面团可轻松拉出一层透明薄膜为止。（图 1）

4. 将面团重新整圆后放入干净的盆中，盖上保鲜膜放温暖处发酵。

5. 待面团发酵至两倍大后取出排气，称量面团，平均分割成 6 份，滚圆后盖上保鲜膜松弛 15 分钟。

6. 松弛完成后，把面团压扁，包入红豆沙，收好收口并朝下放置。（图 2）

7. 把包好馅的面团擀成圆形放到铺了油布的烤盘里，照上页所说剪出 8 个开口。

8. 将面胚上重新盖上保鲜膜进行二次发酵。

9. 发酵完成后，刷上蛋清，中间粘上南瓜籽作为装饰。（图 3）

10. 预热烤箱至 180℃，放中层烤焙 20 分钟即可。

凌介介说

用南瓜泥、土豆泥、薯泥、香蕉等制作的面包都会比只加水或牛奶的面包更加湿润松软，这些材料是面包的天然保湿剂。❤

黑芝麻肉松包

·黑芝麻肉松包·

给肉松包的面包胚换个口味

　　肉松包很常见，但大多是白色面包胚，你是否想过，将面包胚换个口味，即可变换成为一款别有风味的另类肉松包呢？以黑芝麻为原料制作的餐包，浓郁的芝麻香和朴实的微咸主体面包搭配出不一样的出众效果。想象一下，当一口咬下那铺满肉松的面包时，肉松的咸香脆和黑芝麻的浓香一同在口中跳跃，香上加香的那股滋味，有谁能经得住这份美食的诱惑呢？

· ·

材料

高筋面粉 200 克、低筋面粉 50 克、细砂糖 15 克、盐 3 克、酵母 3 克、鸡蛋 30 克、水 143 克、黄油 25 克、黑芝麻粉 12 克、黑芝麻 13 克、沙拉酱适量、肉松适量

制作步骤示意图

图 1

图 2

图 3

制作步骤

1. 将除了黄油、黑芝麻、沙拉酱、肉松外的所有原料搅拌，揉成表面光滑的面团。

2. 可以取一小块面团检视，看其能否拉出一层强韧、较厚的筋膜。

3. 将黄油揉入面团中，反复揉面，直至面团可轻松拉出一层透明的薄膜。

4. 将面团折叠，加入黑芝麻，面团处理完毕。（图1）

5. 滚圆面团，放入干净深盆中，表面盖上干净湿布，放到温暖湿润的地方第一次发酵。

6. 待面团发酵至原面团两倍大，倒出面团，用手拍面团，排出面团内气体。

7. 称量切割面团，切出60克/个面团8个。

8. 重新将8个小面团滚圆，表面继续盖上湿布松弛15分钟。（图2）

9. 取1个小面团，擀开成橄榄形面片，从上往下卷起，卷成橄榄状面团，收好底部收口即可。（图3）

10. 面团装入烤盘中，表面盖上干净湿布，放到温暖的地方第二次发酵。

11. 发酵完成后，送入预热至180℃的烤箱中烤焙18分钟即可。

12. 面团放至凉，表面抹上沙拉酱，蘸上肉松即可。

凌仝仝说

黑芝麻有大量的脂肪和蛋白质，维生素A、维生素E、卵磷脂、钙、铁、铬等营养成分，可预防贫血、活化脑细胞，对女生的发质也很好哦。❤

咸蛋奶黄包·

·咸蛋奶黄包·

用奶黄包的方法做面包

奶黄包多见于中式面点，做法为蒸。将奶黄包用于面包的很少见，几乎没有人会加入咸蛋黄，为何我会这么做？其实是中秋节时做月饼剩了不少咸蛋黄，不用掉岂不可惜？再者，奶黄馅微甜，配以咸蛋黄，正好甜咸搭配，味道不仅不怪异，而且有奶香，还有咸蛋特殊的风味，很独特的搭配，也很美味。虽然我用这样的馅做成了面包，但要是做成中式包子也很好吃。

材料

咸蛋奶黄馅： 牛奶200克、鸡蛋3个、黄油75克、澄粉75克、吉士粉25克、细砂糖200克、咸蛋黄6个

面　　团： 高筋面粉400克、低筋面粉100克、细砂糖50克、盐5克、酵母5克、蛋液75克（其中25克用于刷表面）、水265克、奶粉12克、黄油50克

制作步骤示意图

图1

图2

图3

制作步骤

一、咸蛋奶黄馅制作

1. 咸蛋黄切丁备用。

2. 澄粉和吉士粉混合均匀，先加入 1 个鸡蛋把粉拌合，再加另外 2 个鸡蛋把粉和蛋拌匀成蛋糊。

3. 锅中放入牛奶、细砂糖、黄油煮融化（不用沸腾，黄油融化即可），拌匀，关火，慢慢加入步骤 2 的蛋糊不停搅拌。（奶液的温度切不可过高，边倒蛋液边搅拌，否则容易成蛋花汤。）（图 1）

4. 开中小火，用搅拌器全程不停地搅拌，直到调成厚稠糊状。

5. 加入咸蛋黄丁拌匀，咸蛋奶黄馅完成。（图 2）

二、面包制作

1. 将面团配方里除了黄油外的所有原料搅拌，揉成表面光滑，可拉出一层强韧、较厚的筋膜的面团。

2. 将黄油揉入面团中，反复揉面，直至面团可轻松拉出一层透明的薄膜。

3. 面团滚圆，放入深盆，表面盖上保鲜膜或湿布，发酵至面团两倍大。

4. 将面团取出排气，切割 60 克 / 个，盖上湿布松弛面团 15 分钟。

5. 小面团擀成圆形，中间铺上咸蛋奶黄馅，上边的面片往下对折 1/2，压紧收口，往面团上切 4 刀，排入烤盘二次发酵。

6. 发酵完成，表面刷蛋清，预热烤箱至 180℃，放置中层烤焙 15 分钟。（图 3）

鸡蛋牛奶咸吐司

·鸡蛋牛奶咸吐司·

告诉你手工揉面的小秘密

面包机的产生，让家庭自制面包成为一件健康又有趣的常事。不过千万别忘了手工揉面的乐趣。机器虽"解放"了双手，却也让你不自觉地"远离"了面团。面团要揉到什么样的阶段？什么时候该加料？该加多少量？面团是软了还是硬了？这些是机器不能告诉你的，要靠你自己的手来掌握。对面团的了解，才是做面包的关键。借大家最习以为常的鸡蛋牛奶吐司，我将分享手工揉面的小秘密，让你真正亲近面包。

· ·

 材料（可制作 450 克吐司 1 条）

高筋面粉 270 克、牛奶 160 克、鸡蛋 30 克、糖 20 克、盐 5 克、黄油 25 克、酵母 3 克

制作步骤示意图

图 1

图 2

图 3

🥄 制作步骤

1. 将除了黄油外的所有原料混合均匀,加入所有液体混合揉成一个光滑的面团。(图1)

2. 可以取一小块面团检视,看其能否拉出一些面筋。

3. 加入黄油继续揉面,使黄油和面团完全融为一体。

4. 继续揉面至面团软又光滑,切一小块面团检视,至面团能轻松拉出一层透明薄膜的程度,揉面完成。

5. 将面团重新整圆后放入干净的盆中,盖上保鲜膜放温暖处发酵。

6. 待面团发酵至原面团两倍大后取出排气,平均分割成3块,重新盖上保鲜膜松弛15分钟。

7. 把面团擀开成竖状,从上往下卷起,并收好尾部。

8. 把卷好的三个面团排好,放置一边,再次盖上保鲜膜,继续松弛15分钟。

9. 取一个松弛好的面团,把收口向上放置,用擀面杖擀开,从上往下卷起,收好收口,把卷好的面团排入吐司模中。(图2)

10. 3个面团都排入吐司模后,在吐司模上盖上保鲜膜,把整个模具放到温暖有湿度的地方二次发酵,直到面团发酵至模具八分满处,在面团表面用喷壶喷上水。

11. 把吐司模放置烤箱下层,开上下火烤焙45分钟。(图3)

凌尔尔说

揉面过程中,用手来感觉面团的干湿度,只要在还未加入黄油前,都可以通过增加水分或者增加面粉量调整面团。❤

红枣吐司

·红枣吐司·

与家人一起分享的绝佳营养面包

　　朋友送了上等新疆大红枣，每颗都很大很甜，核小肉厚，单吃就非常美味。不过，面对这等级的红枣，对于一位喜欢下厨的人来说，不拿来做些美食真是过意不去了。红枣甜美，补血效果特别好，把红枣煮好加红枣水一起打磨就成了甜甜的红枣浆，都是精华，揉到面团里就能烤个营养的红枣面包。香甜自不必说，能把营养美食同家人一起分享最重要！

材料

红枣浆：大红枣 12 个、水适量（没过红枣即可）

面　团：红枣浆 190 克、牛奶 60 克、鸡蛋 50 克、高筋面粉 400 克、细砂糖 40 克、盐 5 克、酵母 5 克、黄油 45 克

准备

制作红枣浆。大红枣洗净，剖开去核，切成小块，加水煮熟至完全软，红枣连同枣汁一同放入搅拌机中搅拌成红枣浆即可。（图 1）

制作步骤示意图

图 1

图 2

图 3

制作步骤

1. 将面团配方中除了黄油外的所有原料全放进面包机中，开启自动揉面程序 1 次，20 分钟。

2. 将黄油揉进面团，再搅拌 20 分钟。（图 2）

3. 取一小块面团检视筋度，如果能顺利拉出薄膜则揉面完成，若面筋不稳定或太厚，则需再次启动面包机揉面，直到可以拉出坚韧的薄膜为止。做红枣面包，我一共会揉面 50 分钟。（不过，揉面时间是不固定的，请切记！）

4. 重新滚圆面团放进面包机中，面团发酵至面包桶八分满处。（图 3）

5. 启动烘焙档，烤焙 1 小时。

凌尔尔说

面包机使用全攻略

1. 面包机打面时间是不固定的，不同品牌的面包粉品质不同，有的筋度高，有的筋度低，筋度高的出筋慢，搅面时间要长，筋度低的出筋快，搅面时间短。应主要以面团筋度为检测揉面程度的关键，切不可生搬硬套书本及配方的时间！

2. 用面包机打面时请勿盖上盖子，机桶内有发动装置，开久了会发烫，升温很快，所以揉面时加的液体一定要用冰奶、冰蛋、冰水等。若用常温的水再加上机桶的温度，在夏天使用面包机打面时就会容易断筋。冬天如果不注意也是一样，所以冬天也可以使用冰液体。

3. 面包机桶自带发酵功能，冬天用不错，夏天就不用了。在用面包机搅拌面团完毕后，桶边的发动装置已经很烫了，将揉好的面团放在面包机中就能自然发酵，无须启用发酵功能。❤

· 红薯吐司 ·

· 红薯吐司 ·

营养与美味兼备的粗粮面包

吐司原料多以精白面粉主为，好吃细腻但纤维含量不高，常食精面，不注重粗粮等纤维素摄取容易让人得一些富贵病。若在面包、米饭、面条等自制主食中额外加入一些谷类、豆类、薯类等粗粮，就能让食物营养升级。如同这道红薯吐司，营养与美味兼备。

. . . .

🛒 材料

高筋面粉 450 克、牛奶 265 克、鸡蛋 50 克、糖 60 克、盐 6 克、酵母 5 克、黄油 50 克、红薯 130 克

🕐 准备

红薯洗净去皮，切成红薯丁备用。

制作步骤示意图

图1

图2

图3

🥄 制作步骤

1. 将除了黄油和红薯丁外的所有原料放进面包机中，开启自动揉面程序1次，20分钟。

2. 将黄油揉进面团，再搅拌20分钟。（图1）

3. 取一小块面团检视筋度，如果能顺利拉出薄膜则揉面完成，若面筋不稳定或太厚，则需再次启动面包机揉面，直到可以拉出坚韧的薄膜为止。（揉面时间是不固定的，请切记。）

4. 倒入红薯丁，将其揉入面团中，重新滚圆面团并放进面包机中，面团发酵至面包桶八分满处。（图2）

5. 启动面包机烘焙挡，烤焙1小时。（图3）

凌尔尔说

"粗粮"所指泛泛，谷类中的玉米、小米、紫米、燕麦、荞麦等，豆类中的黄豆、红豆，绿豆等，薯类中的红薯、土豆、牛蒡、山药等，都可归为粗粮。粗粮含有丰富的不可溶性纤维素，有利于保障消化系统的正常运转。它与可溶性纤维协同工作，可降低血液中低密度胆固醇和甘油三酯的浓度；增加食物在胃里的停留时间，延迟饭后葡萄糖吸收的速度，降低高血压、糖尿病、肥胖症和心脑血管疾病的风险。❤

·上海南风肉吐司·

·上海南风肉吐司·

透着熏肉香的别样吐司

朋友从上海带来南风肉一条，爱玩的我自然想到是否可以和吐司一起制作一款肉吐司。南风肉是介于火腿与咸肉之间的一种腌制猪肉，肉又嫩又香，可蒸、煮、煲、炒，制作方法多种多样，将其切片后蒸到熟软，切去肉皮后改刀成丁状揉入吐司面团中，可制作一款风味独特的上海南风肉吐司。吐司细腻、湿润、绵软，吃起来有南风肉特有的熏肉香，很特别。若家中无南风肉，可用培根来代替。

• •

 材料（此配方可做两条 450 克吐司）

高筋面粉 420 克、低筋面粉 80 克、酵母 6 克、细砂糖 40 克、黄油 50 克、盐 7 克、鸡蛋 110 克、水 227 克、上海南风肉 100 克

 准备

南风肉切片，放置蒸锅中蒸至软，沥干油水后切去皮，改刀切成丁状备用。

 制作步骤示意图

图 1

图 2

图 3

🥣 制作步骤

1. 将除了黄油和南风肉丁外的所有原料搅拌，揉成表面光滑，可拉出一层强韧、较厚的筋膜的面团。

2. 将黄油揉入面团中，反复揉面，直至面团可轻松拉出一层透明的薄膜。

3. 将南风肉丁轻轻揉入面团中，使其分布均匀，重新揉面成圆形。（图 1）

4. 将面团放入深盘中，表面盖保鲜膜或干净湿布，放到温暖的地方发酵至面团两倍大。

5. 取出面团排气，平均分割为 6 份。

6. 滚圆面团，表面盖上保鲜膜或干净湿布，放置松弛 15 分钟。

7. 松弛完成后，取一份面团，擀开，从上往下卷起，收好收口。把面团放置一边，盖上一层保鲜膜继续松弛，接着擀卷下一个。

8. 卷好第一卷的面团同样要松弛 15 分钟再做二次擀卷，手法同第一次。

9. 把擀卷两次的面团卷排入吐司模中，上面盖上保鲜膜或干净湿布，放置温暖的地方，把面团发酵到吐司模八分满处。（图 2）

10. 预热烤箱至 180℃，面团表面喷上适量水（用小喷壶），入烤箱，下层烤焙 45 分钟。（如若烤焙中途发现面团顶部上色，可用一张锡纸盖到面团顶部以防上色。）（图 3）

中种焦糖吐司

·中种焦糖吐司·

为上班族量身打造的中种吐司

建议忙碌的上班族们做面包用最实用的中种法。早晨上班前，先把中种面团制作好，包好放在冰箱里让其以低温来慢慢发酵，下班回家后取出中种面团就可以加入主面团的材料来制作。由于中种面团已发酵了一定的时间，因此在揉好主面团后，面团的发酵只需要控制在 1 小时左右，让其再次成熟即可。虽然制作时间长，但很适合上班一族。最重要的一点，用中种法制作的面包，在风味上也会更胜一筹。

🧺 材料（可制作 450 克吐司模 1 条）

焦 糖 酱：细砂糖 50 克、水 14 克、淡奶油 100 克

主 面 团：高筋面粉 190 克、水 50 克、焦糖酱 60 克、酵母 2.5 克、黄油 25 克、糖 15 克、盐 3 克

中种面团：高筋面粉 80 克、水 50 克、鸡蛋 35 克、酵母 1.5 克、糖 10 克

🕐 准备

制作焦糖酱。细砂糖加水熬至焦稠状离火，立即倒入淡奶油，搅拌均匀成焦状奶油即可。

🥄 制作步骤示意图

图 1

图 2

图 3

制作步骤

1. 先制作中种面团。将中种面团中的所有原料混合均匀，揉成一个表面光滑的面团即可，不用揉到出现筋膜。

2. 找一个深盆，把面团装入，上面用保鲜膜封好盆，放入冰箱冷藏至下班（大约10小时）。将其拿出时，可以见到面团已膨胀为原来约两倍。（图1）

3. 取出冷藏的中种面团，撕成小块，加入主面团配方里除了黄油外的所有原料，揉面，直到原料都融合，重新整合成一个新面团。

4. 将面团揉至能拉出透明的面筋，加入黄油继续揉面，直到黄油与面团融为一体。

5. 切一小块面团检视，如若能轻松拉开面团，拉出一层透明的薄膜，面团即为揉好。

6. 把面团重新揉成整圆，装入深盆中，盖上保鲜膜，放置温暖的地方发酵1小时左右。

7. 取出发酵好的面团，把面团里的气体排干净，称量面团，平均分割成三份。

8. 把三个小面团重新整圆，盖上保鲜膜松弛面团15分钟。

9. 松弛完成后，将三个面团分别擀开，从上往下卷起，收好收口，排列好后盖上保鲜膜放一旁松弛15分钟。

10. 二次松弛完成后，将三个面团分别擀开，从上往下卷起，收好收口后排入吐司模中。（图2）

11. 将吐司模表面盖上湿布或保鲜膜，放到温暖的地方发酵面团至模具八分满处。

12. 预热烤箱至180℃，面团表面喷少许水（用小喷壶），入烤箱下层烤焙45分钟。（若烤焙过程中发现面团顶部上色，可用一张锡纸盖到面团顶部以防上色。）（图3）

凌尒尒说

为什么中种法适合上班一族来制作？什么是面包的中种法？中种法又称二次醒发法，是指生产工艺流程中经过二次发酵阶段的方法。中种法的优势在于，面包经过发酵阶段能令面团形成较好的网络组织，并能产生特有的面包发酵香味。二次发酵法通过较长时间的发酵，可使面团产生很浓的酒香味，并能让面团更加成熟。❤

- 抹茶草莓蛋糕卷 -

- 巧克力香榧蛋糕 -

- 芒果慕斯 -

part
03

★ 20 道让你爱不释口的鬼马糕点 ★

心情不好时，一口甜滋滋的蛋糕，能让人忘却不少烦恼——很多女生都这么说。如果，这些糕点再来点儿小创意，甜中加咸，清新中还有点儿微醺感，抑或干脆来个"爆浆"……负面情绪，是不是清理得更快呢？

海苔肉松蛋糕

·海苔肉松蛋糕·

肉松与海苔完美搭配的新式戚风

　　肉松和海苔是一对新式的亲密伙伴。在甜蛋糕的基础上，这种半甜半咸的蛋糕如今被越来越多人接受并喜欢。这款蛋糕把肉松和海苔相结合，吃起来不腻，有一股海苔特有的清新味，搭配上沙拉酱、肉松和少许番茄酱，让人欲罢不能。这款蛋糕的配方属于比较轻盈的戚风蛋糕配方，油量、粉量、水量相当，蛋糕相当软嫩，口感细腻如同棉花一般。

材料

蛋黄糊： 蛋黄 4 个、细砂糖 10 克、色拉油 60 克、牛奶 60 克、盐 2 克、低筋面粉 60 克、海苔粉 2 克、白芝麻适量

蛋白霜： 蛋白 4 个、细砂糖 40 克

夹　馅： 肉松、沙拉酱各适量（建议器具：30L 烤箱，规格 32.8cm×28.5cm；内径 28cm×25cm 烤盘一个）

制作步骤示意图

图 1

图 2

图 3

制作步骤

一、蛋黄糊制作

1. 蛋黄加入细砂糖，搅拌至糖融化。（图1）
2. 加入色拉油搅拌均匀。
3. 加入牛奶拌匀。
4. 加入过筛的低筋面粉拌匀成光滑的面糊。
5. 加入海苔粉继续拌至均匀即可。（此时可以开始预热烤箱）

二、蛋白霜制作

蛋白先用电动打蛋器打至粗泡，分三次加入细砂糖，打至湿性略干性发泡（提起打蛋头，打发好的蛋白很细腻，略坚挺）。

三、混合及烤焙

1. 先取1/3蛋白加入蛋黄糊中，从下往上轻轻拌匀。（图2）
2. 再将拌好的蛋黄糊重新倒回剩下的2/3蛋白糊中，轻轻从下往上拌匀。
3. 翻拌：海底捞月式，从下往上翻，可以把底下未混匀的蛋糊翻上来。
4. 倒入铺好油纸的烤盘，上面撒上白芝麻。（图3）
5. 烤箱预热至140℃，放置中层，底部再插入一个烤盘，全程烤焙40分钟。

四、组合

1. 蛋糕烤好后连盘取出，在桌子上铺一张干净的新油纸，并把蛋糕立即倒扣在油纸上。
2. 轻轻揭开蛋糕底部油纸，让其散热，散热完成后再铺上一张新油纸，再次翻身倒扣蛋糕。
3. 揭去蛋糕表层油纸，将蛋糕片切成等大的正方形蛋糕片。
4. 取一片小蛋糕，抹上沙拉酱，撒肉松，再盖上另一片蛋糕，同样抹沙拉酱，撒肉松。
5. 将蛋糕四边抹上沙拉酱，蘸上肉松即可食用。

· 抹茶草莓蛋糕卷 ·

·抹茶草莓蛋糕卷·

软嫩的低油小清新

　　蛋糕卷在家庭烘焙中很常见，配方有很多，根据配方不同，叫法也多种多样，瑞士卷、戚风卷、全蛋海绵卷等。本款抹茶草莓蛋糕卷是少油瑞士卷的一种，吃起来较软嫩，虽不如戚风卷轻盈，但比全蛋海绵更润口。若家中有怕高油脂的人可以做这款蛋糕，而且它也很适合喜欢清新口味的人食用。

🧺 材料

（可制作 30L 烤箱，规格 32.8cm×28.5cm；内径 28cm×25cm 烤盘一盘）

蛋黄糊：蛋黄 3 个、细砂糖 15 克、色拉油 25 克、牛奶 60 克、抹茶粉 8 克、低筋面粉 62 克

蛋白糊：蛋白 3 个，细砂糖 45 克

夹　馅：淡奶油 100 克、细砂糖 15 克、草莓适量

🥄 制作步骤示意图

图 1　　　　　　　　图 2　　　　　　　　图 3

🥣 制作步骤

一、蛋黄糊制作

1. 蛋黄加入细砂糖，搅拌至糖融化。

2. 加入色拉油搅拌均匀。

3. 加入牛奶拌匀。

4. 加入过筛的低筋面粉拌匀。（此时可以开始预热烤箱）

二、蛋白霜制作 （详见 P 076）

三、混合及烤焙

1. 舀一勺蛋白霜与蛋黄糊混合拌匀。

2. 再次舀一勺蛋白霜与蛋黄糊混合拌匀。（图 2）

3. 把上一步拌匀的糊倒入剩下的蛋白中，与蛋白混合拌匀。（翻拌过程手要轻快，从底往上翻，不可大力搅拌，以免蛋白消泡。）

4. 拌好的蛋糕糊倒入铺了油纸的烤盘中。（图 2）

5. 预热烤箱至 180℃，放置中层开上下火烤焙 16 分钟，烤焙时下面再插入一个烤盘（起底部隔热作用，使烤出来的蛋糕更嫩）。

四、准备夹馅

1. 淡奶油加入细砂糖打发至八分硬程度，使其呈现清晰的纹路。

2. 草莓用盐水洗净，去蒂切小块。

五、组合

1. 蛋糕烤好后连盘取出，在桌子上铺一张干净的新油纸，并把蛋糕立即倒扣在油纸上。

2. 轻轻揭开蛋糕底部油纸，让其散热，散热完成后再铺上一张新油纸，再次翻身倒扣蛋糕。

3. 均匀抹上淡奶油，铺上草莓颗粒，靠近身体的一侧留 1 厘米不抹，蛋糕尾部留 2 厘米不抹。（图 3）

4. 把蛋糕卷起，固定好，两头用油纸包好，把整条蛋糕卷放入冰箱冷藏 2 小时。

5. 冷藏后取出蛋糕卷，在其表面挤上打发的淡奶油，摆上草莓装饰即可。

· 胚芽甜酒奶酪卷 ·

·胚芽甜酒奶酪卷·

有麦香还有咖啡酒香

有这样一款蛋糕卷，蛋糕里加了全麦粉，于是有了麦香，馅中用了奶酪和咖啡甜酒，于是有了细腻柔滑的淡淡酒香。这样一款蛋糕，会吸引你，并让你有欲望立即动手制作来享用吗？

材料
（可制作 30L 烤箱，规格 32.8cm × 28.5cm；内径 28cm × 25cm 烤盘一盘）

蛋黄糊： 蛋黄 3 个、牛奶 55 克、色拉油 25 克、低筋面粉 60 克、小麦胚芽 10 克、
　　　　细砂糖 15 克

蛋白霜： 蛋白 3 个、细砂糖 40 克

奶酪糊： 奶油奶酪 90 克、淡奶油 90 克、细砂糖 25 克、百利甜酒 15 克

制作步骤示意图

图 1

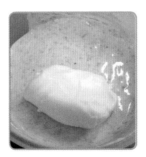

图 2

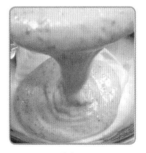

图 3

制作步骤

一、蛋黄糊制作

1. 蛋黄加入细砂糖，搅拌至糖融化。

2. 加入色拉油拌匀。

3. 加入牛奶拌匀。

4. 加入过筛的低筋面粉拌匀。

5. 加入小麦胚芽拌匀。（此时可以开始预热烤箱。）（图1）

二、蛋白霜制作 （详见P 076）

三、混合及烤焙

1. 舀一勺蛋白霜与蛋黄糊混合拌匀。

2. 再次舀一勺蛋白霜与蛋黄糊混合拌匀。（图2）

3. 把上一步拌匀的糊倒入剩下的蛋白中，与蛋白混合拌匀。（翻拌过程手要轻快，从底往上翻，不可大力搅拌，以免蛋白消泡。）

4. 拌好的蛋糕糊倒入铺了油纸的烤盘中。（图3）

5. 预热烤箱至180℃，放置中层开上下火烤焙16分钟，烤焙时下面再插入一个烤盘。

四、奶酪糊制作

1. 提前将奶油奶酪取出在室温下软化，或微波炉小火转半分钟，隔热水软化亦可。

2. 分两次加入百利甜酒搅拌融合均匀。

3. 淡奶油加入细砂糖打至八分发（差不多可裱花的状态），同奶酪糊拌匀即可。

五、组合

1. 烤好的蛋糕出炉后立即倒扣在烤网上，揭掉蛋糕背面的油纸使其透气。

2. 完全冷却后，重新在案台上铺一张干净的油纸，把蛋糕片翻面放置，倒扣面朝上。

3. 均匀抹上制做好的奶酪糊，靠近身体的一侧留1厘米不抹，蛋糕尾部留2厘米不抹。

4. 把蛋糕卷起，固定好，两头用油纸包好，把整条蛋糕卷放入冰箱冷藏2小时。

·鲜奶油蛋糕·

·鲜奶油蛋糕·

谁说鲜奶油只能做裱花

　　鲜奶油便是烘焙中常说的淡奶油、cream，港台地区亦叫其忌廉。一直以来，许多人都把鲜奶油当成裱花原料。本款鲜奶油蛋糕将告诉你鲜奶油的一个新用途。将鲜奶油打发作为液体原料，拌入粉类即可制成一款奶味浓郁、口感细腻的特色鲜奶油蛋糕。此款蛋糕制作过程与一般蛋糕略有不同，先打发淡奶油，再加入鸡蛋打发，最后切拌入粉类，面糊比较厚重，翻拌面糊时要轻手小心，入模时亦要谨慎一些哦。

🧺 材料（可制作大号硅胶咕咕洛夫模一个）

淡奶油 175 克、低筋面粉 110 克、泡打粉 3 克、盐 1 克、鸡蛋 75 克、天然香草精 1 克、细砂糖 80 克

🕐 准备

将硅胶咕咕洛夫模具事先涂油撒粉，磕掉多余粉类后放进冰箱冷藏备用。

🥄 制作步骤示意图

图 1

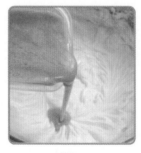

图 2

图 3

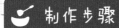 **制作步骤**

1. 鲜奶油加入50克细砂糖和1克盐，打至大约八分发状态，奶油有些软，提起打蛋头奶油能拉起小尖角。（图1）

2. 加入打散的鸡蛋和香草精，用中速打发，直到呈现蛋黄酱的程度。（图2）

3. 加入剩下的30克细砂糖再打大约30秒。

4. 过筛加入低筋面粉和泡打粉，小心翻拌均匀。

5. 将面糊倒入模具中，并在桌上轻磕几下，震出里面的气泡。（图3）

6. 预热烤箱至180℃，放置中层，开上下火烤焙50分钟左右。

 凌尒尒说

鲜奶油要事先放入冰箱冷藏，冷藏的鲜奶油较易打发。 ❤

香栗磅蛋糕

·香栗磅蛋糕·

向传统"乳化法"说再见

在原料中加入大量栗子泥，大大增加了蛋糕的风味，浓郁且细腻，湿润的糕体让栗子爱好者欲罢不能。最特别的是，香栗磅蛋糕没有使用一般磅蛋糕的"乳化法"，而是采用了"分蛋法"，让蛋糕质地更轻盈。

材料（此配方适用 19CM×7CM 磅蛋糕模）

黄油 100 克、低筋面粉 100 克、细砂糖 80 克、鸡蛋 2 个、栗子泥 100 克、无花果干 40 克、朗姆酒 10 克、泡打粉 1.5 克、小苏打 1 克、盐 1 克

准备

1. 黄油提前取出室温软化。
2. 为方便蛋糕烤制好脱模，可以事先给磅蛋糕铺一层油纸，也可以给蛋糕模涂抹黄油，筛一层薄面粉，烤制后亦很好脱模。
3. 鸡蛋分离蛋白和蛋黄。
4. 无花果切成小丁，用 10 克朗姆酒和 50 克水混合液浸泡至软。
5. 有条件的可以用家用粉碎机把细砂糖和盐混合，磨成更细的粉。

 制作步骤示意图

图1

图2

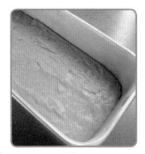
图3

制作步骤

1. 黄油软化至用手指能轻松按出指印的状态，用电动打蛋器把黄油打顺滑。

2. 分两次，分别倒入20克细砂糖和盐的混合物中搅拌黄油，直到把黄油搅拌顺滑。

3. 两个蛋黄分两次加入黄油中，搅拌完一个再放另一个，要搅拌均匀才可放下一个。

4. 加入栗子泥和朗姆酒搅拌黄油糊，直到搅拌均匀。（图1）

5. 将低筋面粉、泡打粉、小苏打混合过筛。

6. 蛋白分三次加入剩下的细砂糖，打发至湿偏干性发泡，提起打蛋头有较挺的软钩状。

7. 取1/3的蛋白加入黄油栗子糊中，轻手拌匀所有原料，再筛入1/3之前过筛的混合面粉，按同样方法拌匀。剩下的原料按照这个顺序边加边拌匀，直到所有原料都加完。

8. 无花果丁沥干水，加入上述面糊中拌匀，蛋糕面糊完成。（图2）

9. 把面糊倒入模具中，在桌子上轻磕几下模子，磕出面糊里的气泡。（图3）

10. 预热烤箱至170℃，中层上下火烤1小时。

11. 蛋糕烤焙大约20分钟后，表面已结一层表皮，用利刀照着竖的方向开一刀，以便烤焙时面糊能够很好地膨胀。

12. 将模具重新入炉中烤至熟。

凌尔尔说

"分蛋法"的制作方法与戚风蛋糕类似，事先把蛋白和蛋黄分开，蛋黄面糊和蛋白分开操作，再将两者拌匀。用"分蛋法"制作磅蛋糕难度较大，黄油蛋糊较稠，最后与蛋白的翻拌要比较小心，手的动作要轻快，以免在拌的过程中让蛋白消泡哦！❤

洋葱红肠蛋糕

THE IDEAS

·洋葱红肠蛋糕·

来个有创意的咸味 cupcake 吧

　　西式糕点是咸的，里面还有肉，听起来是不是觉得有些不可思议？抛开这些传统观念吧！试试制作一款带肉的咸蛋糕。做咸蛋糕，我选择用色拉油来制作，配方里没有糖，可以加入喜欢的肉类和蔬菜。本款蛋糕我选用洋葱和哈尔滨红肠。洋葱辛香的风味和哈尔滨红肠的烟熏味，会给整个蛋糕带来美妙的味觉碰撞。为了增加蛋糕的口感，表面还可以撒适量的马苏里拉芝士和香草，使蛋糕口味变得更加丰富多彩了。

 材料（可制作 底长 5cm、高 4.5cm 的杯子蛋糕 8 个）

中筋面粉 150 克、哈尔滨红肠 60 克、洋葱 45 克、泡打粉 3 克、鸡蛋 3 个（大个）、色拉油 60 克、牛奶 30 克、盐 2 克、黑胡椒粉 1 克、马苏里拉芝士和巴西里香草（风干欧芹）少许

 准备

1. 红肠和洋葱切成丁。
2. 马苏里拉芝士刨成碎。

制作步骤示意图

图 1

图 2

图 3

制作步骤

1. 鸡蛋加盐搅打至均匀，加入色拉油搅拌均匀，搅至蛋液和油完全融合，可以适当多搅拌一会儿。

2. 加入牛奶，同样搅拌至均匀。

3. 筛入中筋面粉和泡打粉混合，再加入1克黑胡椒粉，用手动搅拌器把水分和粉类拌匀至无颗粒即可。

4. 加入红肠丁和洋葱丁，用橡皮刮刀把面糊和原料拌匀即可。（图1、图2）

5. 把面糊装入杯子中六分满，上面撒上少许马苏里拉芝士碎和巴西里香草。（图3）

6. 预热烤箱至180℃，放中层烤制30分钟。

凌介介说

温馨提醒

1. 面糊装在杯中只需六分满即可，烤焙的时候面糊会膨胀，装太多会溢出杯子。

2. 烤制的过程中若发现蛋糕表面的马苏里拉芝士出现焦色（大概烤10分钟），为避免烤焦，可以把烤盘改放到烤箱中下层，最上层再架上烤网，烤网上铺上锡纸隔热，以保证蛋糕表面烤得漂亮。♥

· 波伦塔蛋糕 ·

·波伦塔蛋糕·

吃着比看着清新得多

这款经典蛋糕源自意大利西西里，那里的每位老奶奶都会制作这款 Polenta Cake。配方里添加了粗粮玉米粉，因此更加健康。虽然添加了玉米粉成分，但蛋糕口感却一点儿也不粗糙。除此之外，原料里还添加了柠檬、苹果、柠檬皮，都能给蛋糕增加一丝清新的气息。将苹果与面糊放在一起烤制，蛋糕熟的同时，苹果也一并烤软了，与表面高温烤化的糖融合在一起，就成为喷香的焦糖苹果。略带香脆的口感，又有苹果的芬芳，使得整款蛋糕顿时变得清爽，让人不觉得油腻。

材料（此配方适用 18cm×18cm 的方形模具）

中筋面粉 100 克、玉米面 35 克、泡打粉 3 克、1 颗柠檬的柠檬皮、盐 1 克、鸡蛋 2 个、细砂糖 100 克、牛奶 75 克、黄油 75 克、苹果 1 只、杏仁片 25 克

准备

1. 柠檬洗净，用柠檬皮刀刨出柠檬皮备用。
2. 细砂糖分开称量，一份 60 克加在蛋糕中，一份 40 克最后撒在蛋糕表面。
3. 苹果去皮切片，用淡盐水或淡柠檬水浸泡，以免还未使用就氧化发黑。使用时用厨房用纸吸干水分再铺到蛋糕面糊里。
4. 黄油融化成液态备用。
5. 蛋糕模底部铺上裁剪好的油纸。

制作步骤示意图

图 1

图 2

图 3

制作步骤

1. 鸡蛋和 60 克细砂糖用打蛋器打至糖融化。

2. 加入一半黄油，搅拌均匀，继续加入牛奶搅拌至均匀。

3. 加入筛过的中筋面粉、玉米面、泡打粉，用手动搅拌器搅拌均匀成面糊，然后倒入柠檬皮拌匀。（图 1）

4. 把搅拌好的面糊倒入蛋糕模中，上面铺上苹果片，撒上杏仁片，再将剩余融化的黄油均匀地倒在表面上，均匀撒上剩余的 40 克细砂糖。（图 2、图 3）

5. 预热烤箱至 190℃，放置中层烤焙 40 分钟。

凌尔尔说

配方里的玉米面是取用玉米渣经过高温蒸熟、烘干、研磨而成的细面，颜色金黄，手感略粗，并非市售用作勾芡的玉米淀粉，购买时要注意辨别。❤

樱桃蛋糕

松软的黄油蛋糕衬托着樱桃微酸的清香，美味的樱桃果肉跳跃在口中，虽是一款重油蛋糕，却因樱桃而解了些许油腻感。水果清新的气味，让你在下午茶的时光里慢慢享受着，再搭配上一杯黑咖啡，品尝之余还能让身心放松，真是一款非常不错的茶点。

 材料〈14cm×10cm×3.5cm 长方形玻璃烤碗1个〉

黄油 100 克、细砂糖 50 克、鸡蛋 1 个、盐 1 克、低筋面粉 70 克、泡打粉 2 克、樱桃 90 克、粗椰丝适量

 准备

1. 樱桃洗净，用利刀切对半，去掉里面的核，再把樱桃肉改刀切小块备用。
2. 将黄油切小块称量好，放置在室温下软化至黄油用手指按下能轻松按出指印的程度。
3. 鸡蛋打散成蛋液备用。

制作步骤示意图

图 1

图 2

图 3

制作步骤

1. 黄油软化后，分两次加入细砂糖和盐，第一次搅拌融合后再加第二次，直到融合均匀，黄油颜色发白体积略膨大。

2. 分三次加入鸡蛋液，每次都要搅拌到鸡蛋和黄油完全融合后再加入下一次。

3. 把低筋面粉和泡打粉混合过筛到黄油里，用橡皮刮刀拌成蛋糕面糊。（图1）

4. 把蛋糕糊装入模具内，在蛋糕糊上铺一层碎樱桃，并把樱桃往面糊里按，使其嵌入面糊中。（图2）

5. 在蛋糕面糊表面撒粗椰丝。（图3）

6. 预热烤箱至170℃，放入烤箱中层烤焙33分钟即可。

凌尒尒说

加入蛋糕中的樱桃最好事先去核以方便成品的食用，也可防止小孩不小心将核吞入腹中。❤

·焦糖金橘玛德琳·

出其不意的浓郁玛德琳

　　玛德琳蛋糕的制作流传到现在，有咸味玛德琳，也有橄榄油玛德琳，各位烘焙者靠着已有多种版本和变化，将玛德琳蛋糕做得千变万化。这款焦糖金橘玛德琳，颠覆传统风味玛德琳的做法，不仅把黄油煮出焦味，还把部分低筋面粉更换为香喷喷的杏仁粉，制作的时候突发奇想，又抓了一把金橘，使得整款玛德琳的风味变得异常浓郁。

材料（可制作玛德琳 8 个）

低筋面粉 45 克、杏仁粉 15 克、黄油 60 克、鸡蛋 1 个、细砂糖 40 克、焦糖酱 25 克、金橘丁 40 克、泡打粉 3 克

准备

在玛德琳模具中涂上融化的黄油，把模具放入冰箱冷藏备用。

制作步骤示意图

图 1

图 2

图 3

制作步骤

1. 黄油放在小锅中用中火加热，慢慢煮黄油至其变成焦色，散发出坚果的香味。关火，把黄油放在旁边放凉备用。

2. 鸡蛋加细砂糖打散，一直搅拌至糖融化。

3. 加入焦糖酱搅拌，直到所有原料都混合均匀。（图1）

4. 筛入低筋面粉和泡打粉，加入杏仁粉，拌匀所有原料。

5. 黄油用细网筛过滤，加入面糊中拌匀。加入金橘丁拌匀，面糊完成。（图2）

6. 将面糊封上保鲜膜，放入冰箱冷藏3小时以上。

7. 烤焙前，将面糊取出回温约1小时，倒入玛德琳模具中八分满。（图3）

8. 预热烤箱至180℃，放置中层开上下火烤焙15分钟。

凌尓尓说

焦糖酱的制作（可制作焦糖酱约100克）

1. 焦糖酱原料：细砂糖50克、淡奶油100克、水15毫升。

2. 细砂糖和15毫升水入锅，开中火把糖煮化，转小火熬糖浆，糖水从小泡逐渐变成大泡，转而颜色会变深，呈焦黄色。此时要非常注意火候，用勺子不断地搅拌使糖浆的颜色均匀。

3. 糖浆呈焦棕色时关火，慢慢加入淡奶油，用勺子把糖浆和淡奶油混合搅拌均匀，焦糖完成。❤

百香果费南雪

· 百香果费南雪 ·

坚果香之余还有百香果香

　　费南雪的制作过程很有意思。首先，黄油不仅仅是融化，还要煮成焦黄色并散发出榛子般的味道。其次，杏仁粉比蛋糕常用的面粉量多，使得整款蛋糕散发出香飘飘的坚果香气。百香果费南雪，颇具创意地融合入百香果汁，给这款小蛋糕加入一缕清新的气息。

材料

低筋面粉 22 克、杏仁粉 55 克、黄油 85 克、细砂糖 60 克、蛋白 62 克、百香果汁 25 克、蜂蜜 15 克、香草豆荚半支、杏仁片适量

制作步骤示意图

图 1

图 2

图 3

制作步骤

1. 百香果去籽取汁水，加入蜂蜜拌匀。

2. 黄油放入锅中煮至焦色，煮出如坚果的香味。

3. 低筋面粉、杏仁粉、细砂糖混合，半支香草豆荚取草籽放入，用橡皮刮刀拌匀。

4. 蛋白搅打至粗泡，加入步骤3的粉类拌匀。

5. 加入百香果蜂蜜汁搅拌均匀。（图1）

6. 加入煮焦的黄油拌匀，面糊完成。

7. 模具事先涂抹黄油，倒入面糊至八分满，表面撒适量杏仁片。（图2、图3）

8. 预热烤箱至200℃，面糊入烤箱烤20分钟即可。

凌尒尒说

1. 黄油经煮制成焦黄油，过程中会有损耗，因此配方中多给出25克，实际用量焦黄油取60克哦。

2. 费南雪的典故：最初的费南雪（Financier）做得很像缩小版金条，是法国巴黎证券交易所附近的一位蛋糕师发明的茶点，据说是为了让那些在证券交易所的金融家们能快速吃完且不弄脏他们的西装。糕点本身做成金条状也颇有寓意。现在没有专门的金条模，家庭制作用的普通的杯子蛋糕连模也可以很好地完成这款美味的小糕点。❤

· 全麦蓝莓马芬 ·

·全麦蓝莓马芬·

一不小心蓝莓果汁就迸出

在西点界，大师都喜欢浆果、莓果类。这些新鲜漂亮的小水果，用来制作蛋糕或者装饰蛋糕都是极棒的。将蓝莓加到马芬蛋糕面糊里烤焙，吃起来会有一种新鲜水果爆浆的感觉。这是一款制作起来很容易上手的小蛋糕，黄油量不算太高，粉类选用全麦粉和低筋面粉，蛋糕吃起来不仅松软，还有浓浓的麦香，一口咬下还有蓝莓的果汁迸出，味道不错哦。

材料

黄油 50 克、细砂糖 50 克、鸡蛋 50 克、牛奶 70 克、低筋面粉 70 克、全麦粉 30 克、泡打粉 2 克、小苏打 1 克、盐 1 克、蓝莓 70 克

制作步骤示意图

图 1

图 2

图 3

🥄 制作步骤

1. 黄油室温软化到手指一按就能轻松按出指印的程度，用搅拌器搅拌顺滑。

2. 细砂糖和盐混合，分两次加入黄油中，搅拌至黄油松软略为膨大状。

3. 鸡蛋打散，分三次加入黄油中，每次都拌匀后再加入下一次，直到鸡蛋全部加完，黄油蛋液柔顺光滑。

4. 低筋面粉、泡打粉、小苏打混合好，先过筛1/2到黄油蛋液中，拌匀至光滑无颗粒。

5. 加入1/2牛奶拌匀，接着再以1/2面粉、1/2牛奶、全部全麦粉的顺序加入，拌匀。

6. 将全部蓝莓倒入其中拌匀，蓝莓马芬面糊完成。（图1）

7. 把面糊装入6个马芬模内，预热烤箱至170℃，放置中层烤25分钟即可。（图2、图3）

凌尒尒说

制作这种黄油类的蛋糕，黄油一定要充分在室温下软化后才能轻松使用，若黄油太硬不仅搅拌不好，还不容易与其他液体物质融合，容易导致失败哦。♥

香橙杯子蛋糕

·香橙杯子蛋糕·

可爱的最潮甜点

　　杯子蛋糕其实跟平常所说的马芬蛋糕有相似之处，将面糊装在小巧可爱的纸杯中，在蛋糕顶上裱一圈奶油霜或者小装饰，绝对是方便又可爱的最潮甜点。本款香橙杯子蛋糕的特色在于加入了香橙果泥，有一股清新的甜橙香。装饰在蛋糕顶部的奶油和香橙果泥，提升了整款蛋糕的味道，喜欢清新口味的人一定会喜欢。

材料

蛋　糕：低筋面粉 75 克、黄油 55 克、泡打粉 2 克、细砂糖 30 克、牛奶 37 克、鸡蛋 37 克、香橙果泥 45 克、盐 1 克

装　饰：淡奶油 50 克、细砂糖 10 克、香橙果泥适量

 制作步骤示意图

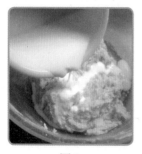

图 1

图 2

图 3

制作步骤

1. 黄油室温软化至手按下去能轻松按出手指印，用搅拌器搅打顺滑。

2. 加入细砂糖和盐搅拌打至黄油蓬松发白。

3. 分次加入全蛋液搅拌，每加一次蛋液都要搅拌至与黄油完全融为一体后再加下一次。

4. 加入1/3量的过筛粉类，拌匀后加入1/2量的牛奶，拌匀。再加入1/3量的过筛粉类，拌匀后加入剩余的牛奶拌匀。最后加入剩下的过筛粉类拌匀。（图1）

5. 加入香橙果泥拌匀，蛋糕面糊完成。（图2）

6. 把面糊用勺舀到纸杯中，只需装六分满即可。（图3）

7. 预热烤箱至180℃，放置中层烤焙20分钟。

8. 蛋糕烤焙好取出放至凉，把顶上削去一小块尖头部分。

9. 取50克淡奶油，加入10克细砂糖打发至九分硬度，装入裱花袋内，用0.5毫米口径的圆孔裱花嘴把淡奶油在蛋糕上挤一圈，中间空档处装饰香橙果泥即可。

凌尔尔说

香橙果泥的制作（可制作350克左右）

1. 香橙果泥原料：完整橙子2个、水200毫升、白砂糖120克、盐1克、君度力娇酒1大勺（约15毫升）。

2. 橙子洗干净，橙皮和橙肉分开，取两个橙的橙肉和一个橙子的橙皮分别切小丁。

3. 将橙肉丁和橙皮丁加白砂糖、盐、水一起放在锅中煮半小时，至橙皮丁变软，糖水收汁至原来的1/4左右。

4. 关火放凉，把煮好的橙丁放入料理机里搅拌成果泥。

5. 盛出果泥放凉，加入1大勺（约15毫升）君度力娇酒拌匀即可。❤

巧克力香橙蛋糕·

·巧克力香橙蛋糕·

两种风味的奇妙搭配

经常在学习烘焙的过程中感叹甜点大师的味觉和新产品颇具创意的惊奇搭配，看似不可能融合的风味搭配在一起居然如此协调。巧克力和香橙就是这样，本不是一路的风味，却能互相融合，真是奇妙。清香宜人的甜橙奶油，加上风味浓郁的巧克力蛋糕和巧克力甘纳许，轻薄与厚重的交织，清新怡人与馥郁浓重的搭配，如此巧妙，相信你一定会爱上！

材料

（可制作 30L 烤箱，规格 32.8cm×28.5cm；内径 28cm×25cm 烤盘一盘）

巧克力蛋糕体：

蛋 黄 糊：蛋黄 3 个、细砂糖 12 克、大豆油 45 克、牛奶 45 克、盐 1 克、低筋面粉 45 克、可可粉 10 克

蛋 白 霜：蛋白 3 个、细砂糖 45 克

香 橙 奶 油：淡奶油 120 克、细砂糖 15 克、香橙果泥 30 克（做法见 P112）

巧克力甘纳许：巧克力 100 克、淡奶油 100 克

制作步骤

一、蛋黄糊制作

1. 蛋黄加入细砂糖和盐，搅拌至糖融化。

2. 加入大豆油搅拌均匀。

3. 加入牛奶拌匀。

4. 加入过筛的低筋面粉和可可粉拌匀成光滑的面糊（此时可以开始预热烤箱）。

二、蛋白霜制作 （详见 P 076）

三、混合及烤焙

1. 先取 1/3 蛋白霜加入蛋黄糊中，从下往上轻轻拌匀。

2. 将拌好的蛋黄糊重新倒回剩下的 2/3 蛋白霜中，轻轻地从下往上拌匀。

3. 海底捞月式翻拌，从下往上翻，可以把底下未混匀的蛋糊翻上来。

4. 倒入铺好油纸的烤盘中，并在案板上轻磕几下，震出里面的大气泡。

5. 预热烤箱至 140℃，中层中下火烤焙 35 分钟，在蛋糕盘的下方再放置一张烤盘防止底部过热。

四、香橙奶油制作（在烤焙蛋糕的过程中可以制作夹馅）

1. 淡奶油加细砂糖打至九分硬，加入两大勺香橙果泥（做法见P109），继续搅拌均匀即可。

2. 制作好的香橙奶油立即放入冰箱冷藏，使用时再取出。

五、巧克力甘纳许制作

1. 淡奶油烧沸倒入装有巧克力的碗中，把淡奶油和巧克力搅拌融化均匀即可。

2. 若是冬天，需要提前制作好巧克力甘纳许，因为室温太低，要使用时可能会快要凝固了，此时可以再隔热水将其稍微软一些后再来使用。

六、组合

1. 将烤焙好的蛋糕取出，立即倒扣在烤网上，揭开蛋糕底部的油纸，让其彻底冷却。

2. 用刀把蛋糕切成平均大小的 4 片，两片抹香橙奶油，两片抹巧克力甘纳许。

3. 把4块蛋糕片叠放起来，顺序依次是香橙奶油、巧克力甘纳许、香橙奶油、巧克力甘纳许，最上面再抹上香橙奶油，完成后放入冰箱冷藏 2 小时。

4. 冷藏好的蛋糕取出，切去不规则的四边，摆上自己喜欢的水果装饰即可。

· 柠檬磅蛋糕 ·

·柠檬磅蛋糕·

低油一样能做美味磅蛋糕

磅蛋糕起源于 18 世纪的英国，因为当时的磅蛋糕只有 4 种等量的材料，一磅糖、一磅面粉、一磅鸡蛋、一磅黄油，也叫"重油蛋糕"。磅蛋糕有自己的粉丝群体，有人喜欢它，因为其浓郁的黄油香；有人对它望而却步，因为它的原料分量太重磅，吃一块意味着有长肉的危险。

既然磅蛋糕如此让人又爱又恨，那不妨将配方做个小改动，有形亦有味，还低油清爽，这款低油的柠檬磅蛋糕，建议你试试。

材料

鸡蛋 2 个、蛋黄 2 个、黄油 45 克、低筋面粉 100 克、细砂糖 85 克、柠檬 1 个（削出皮屑）、泡打粉 3 克、盐 1 克

制作步骤示意图

图 1

图 2

图 3

制作步骤

1. 鸡蛋和蛋黄混合，用搅拌器打散，加入细砂糖和盐搅打蛋液至融合。

2. 低筋面粉混合泡打粉过筛入蛋液中搅拌均匀，至面糊无颗粒为止。（图1）

3. 黄油事先融化成液态，降温至不烫手（手温即可），加入步骤2的面糊中拌匀。

4. 加入柠檬皮屑拌匀，蛋糕面糊完成。

5. 面糊倒入模具中，预热烤箱至170℃，放至烤箱中下层烤焙1小时即可。（图2、图3）

凌介介说

检验磅蛋糕是否烤熟的方法是，取一支长竹签，插入面糊中再拉出，若面糊干净无附着物即为烤熟；若附带有面糊，那么请你乖乖地把蛋糕再重新放入炉中继续烤焙吧。❤

黑芝麻玛德琳

·黑芝麻玛德琳·

一份属于自己的贝壳蛋糕

玛德琳蛋糕（madeleines），又名贝壳蛋糕，因其形似贝壳而得名，据说是法国可梅尔西城的一种家庭风味小吃。当时玛德琳蛋糕口味比较单一，但我们可以根据自己喜欢的口味来改良。我把自己喜欢的黑芝麻酱加入玛德琳面糊中，制作出一款属于自己的美味下午茶点心。

材料

低筋面粉60克、黑芝麻酱20克、蜂蜜10克、泡打粉2克，黄油85克、鸡蛋2个、细砂糖45克

准备

1. 黄油放入锅中煮至焦色，煮出坚果般的香味。
2. 将玛德琳模具均匀涂抹上融化的黄油，筛入低筋面粉，并把多余的粉轻磕掉，只留模具内一层薄粉，把模具放入冰箱冷藏备用。

制作步骤示意图

图1

图2

图3

制作步骤

1. 鸡蛋加细砂糖搅拌至糖完全融化。

2. 鸡蛋中加入黑芝麻酱和蜂蜜一同搅拌至均匀。（图1）

3. 低筋面粉加泡打粉混合，过筛加入蛋糊中，搅拌至均匀无颗粒。（图2）

4. 把制作好的玛德琳面糊放入冰箱冷藏3小时以上。

5. 提前约1小时将面糊取出回温，挤入模具内铺八分满。（图3）

6. 玛德琳模放置烤箱中层，下方再插入一个烤盘隔热（可防止玛德琳蛋糕上色过深）。

7. 预热烤箱至180℃，烤焙18分钟，玛德琳蛋糕完成。

凌尒尒说

据说1730年，当时的美食家波兰王雷古成斯基流亡在梅尔西城。有一天，他带的私人主厨竟在出餐时不见踪影，情急之下，他的女仆玛德琳临时烤了自己拿手的小蛋糕应急，没想到却让雷古成斯基大为欣喜。于是，雷古成斯基便将这款小蛋糕以女仆的名字来命名，也就是后来的玛德琳蛋糕。

· 焦糖乳酪黄油蛋糕 ·

·焦糖乳酪黄油蛋糕·

是磅蛋糕也是乳酪蛋糕

　　焦糖、乳酪、黄油，这三样原料摆放在一起，很多人都会直呼：好胖！不过我要说，胖又如何？如果这三样原料能造就一款美味的蛋糕，即便容易变胖，但爱甜品如我，想吃时还是会让我不计后果，胖也认了。你们也会这样想吗？如果答案是 YES，那么值得尝试一下这款蛋糕。这款蛋糕，不仅有黄油和乳酪的乳香，还混合了奶油焦糖酱的甜蜜风味，兼备磅蛋糕和乳酪蛋糕两种口感，是一款风味独特的蛋糕。

 材料

蛋　糕：黄油 100 克、奶油乳酪 100 克、细砂糖 40 克、蛋白 3 个、蛋清 3 个、低筋面粉 180 克
焦糖酱：细砂糖 50 克、水 1 大勺、淡奶油 100 克
　　　　（焦糖酱配方及制作方法详见本书 P100）

制作步骤示意图

图 1　　　　　　　　图 2　　　　　　　　图 3

制作步骤

1. 黄油室温软化至手指一按即可轻松按出指印的程度，用电动打蛋器搅打至柔软。

2. 奶油乳酪提前室温软化，或置于温水中软化，加入步骤1的黄油中搅打至二者融合顺滑。

3. 加入蛋黄用量的15克细砂糖搅拌均匀。

4. 分三次加入三个蛋黄拌匀。

5. 蛋白分三次加入蛋白用量的糖25克，打发至湿偏干性发泡，提起打蛋头，蛋白呈软钩状。

6. 取1/3蛋白加入奶酪糊中拌匀。

7. 过筛加入1/2低筋面粉（90克）拌匀。

8. 再取1/3蛋白加入奶酪糊中拌匀。

9. 过筛加入剩下的1/2低筋面粉（90克）拌匀。

10. 最后取1/3蛋白加入奶酪糊中拌匀，奶酪糊完成。（图1）

11. 取70克焦糖酱加入50克奶酪面糊中，拌匀成焦糖乳酪面糊，再重新倒入其余的奶酪糊中，粗略适量拌几下即可入模。（图2、图3）

12. 预热烤箱至180℃，放置中下层烤焙50分钟。

凌尓尓说

焦糖最好与一部分原味乳酪糊拌匀，再把拌好的焦糖乳酪糊与剩下的白色乳酪糊翻拌后再入模，以求两者的密度尽量相同，使蛋糕体达到更好的融合效果。❤

· 榴莲冻芝士 ·

·榴莲冻芝士·

不用烤箱的重口味芝士

　　榴莲冻芝士，正中榴莲爱好者下怀，奶酪的香，榴莲的味，浓郁，但不浓烈，连害怕榴莲的人都可以尝试一下。

　　冻芝士的制作无须使用烤箱，制作好饼干蛋糕底，再把蛋糕体的原料混合好，放冰箱冷藏至蛋糕凝固即可。烤箱制作的蛋糕利用"烤"来使蛋糕成熟凝固，冻芝士蛋糕则是用"吉利丁"来使蛋糕凝固。吉利丁是又称明胶或鱼胶，是从动物的骨头（多为牛骨或鱼骨）提炼出来的胶质，主要成分为蛋白质。若无吉利丁片，可用鱼胶粉来代替，只是鱼胶粉略带腥味，吉利丁片比鱼胶粉纯度更高，也无腥味残留。

材料（可做六寸活底戚风模1个）

饼　　底：去夹心奥利奥饼干60克、黄油25克
冻芝士蛋糕：榴莲果肉150克、椰浆100克、奶油奶酪250克、吉利丁片9克、
　　　　　　细砂糖60克、淡奶油120克、细砂糖10克
装　　饰：淡奶油50克、细砂糖10克、巧克力片

制作步骤示意图

图1　　　　　　　　　图2　　　　　　　　　图3

制作步骤

一、芝士蛋糕饼底

1. 将去夹心的奥利奥饼干放在较深的容器中，用擀面杖把饼敲碎，继续敲，直到饼变成很细的饼粉。或是用机器搅拌粉碎饼干，使其成粉状。
2. 黄油软化，放到干净的微波碗中，盖上盖子，中火微波 1 分钟至黄油融化。
3. 取出黄油，倒入细饼粉，用勺子搅拌均匀。
4. 戚风模底部铺上油纸，把黄油饼底铺在戚风模里，并用勺子把原料压平压实，最后把模具放到冰箱里冷藏备用。

二、榴莲果泥制作

榴莲去核，用勺将果肉压制成榴莲果泥。

三、蛋糕体制作

1. 吉利丁片浸泡在水里泡软。
2. 椰浆隔热水加热，放入泡软的吉利丁片，直到吉利丁片同椰浆融合融化。
3. 利用剩下的热水隔热融化奶油奶酪，用打蛋器把奶酪搅拌顺滑。
4. 分两次加入细砂糖 60 克，搅拌融合完一次后再下第二次，直到所有原料都搅拌均匀。
5. 加入榴莲果泥搅拌均匀。
6. 加椰浆吉利丁液拌匀，乳酪糊部分完成。
7. 淡奶油加入 10 克细砂糖，打发至能划出纹路的六分发状态。
8. 把淡奶油加入乳酪糊中拌匀，蛋糕体部分完成。（图1）

四、组合、脱模与装饰

1. 蛋糕体成果倒入模具中，放入冰箱冷藏至少 3 小时。（图2）
2. 冷藏的同时，准备装饰材料，把椰丝放入烤箱烤至金黄色，取出放凉。
3. 装饰材料中的淡奶油加入细砂糖打发至硬，装入裱花袋中备用。
4. 蛋糕冷藏完成，取出模具，把烤好的椰丝撒在蛋糕表面，铺匀。（图3）
5. 模具外包上热毛巾焐一下使其顺利脱模。
6. 用开水将刀子烫热，纸巾擦去多余水分，趁热切出蛋糕。
7. 在蛋糕表面挤上奶油花，插上巧克力片即可。

·抹茶大理石重乳酪·

·抹茶大理石重乳酪·

有纹路的双味重乳酪

　　我是一个嗜乳酪如命的甜品控，最禁不住乳酪蛋糕的诱惑。在家自制甜品，乳酪蛋糕是家常下午茶的甜品之一，烤过数百个。经过长时间的调整配方，最终得出了这款我最爱的双味重乳酪蛋糕配方。将搅拌好的原味乳酪面糊中取一小部分混入适量的抹茶粉，再重新添加到原味乳酪面糊中，轻轻翻拌一番即可做出大理石纹路，双重好味道。

・・・

材料

蛋　糕： 奶油奶酪 250 克、淡奶油 60 克、鸡蛋 2 个、细砂糖 60 克、盐 1 克、玉米淀粉或低筋面粉 10 克、抹茶粉 6 克、水 15 毫升

饼　底： 去夹心奥利奥 60 克、黄油 25 克

准备

奶油奶酪提前取出室温软化，若软化时间不充裕可以在制作前把凉奶酪放到耐高温碗中，盖上盖子用微波炉中火微波 1 分钟后再取出使用。

制作步骤

一、饼底制作

1. 奥利奥饼干去掉中间夹心，用擀面杖捣碎或者用粉碎机磨成饼碎。
2. 黄油融化成液态，和奥利奥饼碎一起混合均匀。
3. 模具底部铺上油纸，把黄油奥利奥铺在模具底部，压紧压实，送入冰箱冷藏。

二、蛋糕制作

1. 深盆中放入奶油奶酪,用小刀切小块,再用电动搅拌器把奶油奶酪打顺滑。

2. 分次加入细砂糖和盐,同奶油奶酪一同搅拌,直至奶油奶酪顺滑。

3. 打入一个鸡蛋,搅拌均匀,接着再打第二个,同样搅拌均匀。(过程中可用橡皮刮刀把挂在盆边的奶酪糊刮下来,再重新搅拌均匀。)

4. 加入淡奶油,把所有原料搅拌均匀。

5. 筛入玉米淀粉或低筋面粉,把粉和奶酪拌匀至全部融合即可。

6. 抹茶粉中加入15毫升水拌匀成糊,舀1勺乳酪面糊与之混合成抹茶乳酪糊,再重新倒入原味面糊中轻轻翻拌几下。

7. 预热烤箱至160℃,把奶酪糊倒入制作好饼底的模具中,放在桌上轻磕几下模具,震掉奶酪糊里的大气泡。

8. 在六寸的模具外包上锡纸,或者套上八寸固底模具,隔热水,放在烤箱最底层,用160℃烤焙1小时。

凌尕尕说

乳酪蛋糕细腻的秘密

1. 奶油奶酪要回温到位,可以提前半天让其室温软化。

2. 重乳酪蛋糕可以用淡奶油作为液体辅料。

3. 加入液体原料,翻拌乳酪糊时手法要轻,否则容易起泡,影响乳酪蛋糕的外观,建议使用手动搅拌器。

4. 配方里的玉米淀粉或低筋面粉并不是一定要加,但若是加,则切记一定要把乳酪糊拌到均匀无颗粒!

5. 将乳酪蛋糕放入烤箱前,要在桌子上铺一块厚布,在桌上轻轻磕两三下,磕出里面的气泡,这个步骤可以使烤出的蛋糕内部更细致。

6. 烤制时采用中低温长时间烤焙,放置在烤箱下层,用160℃烤1小时。若时间太短,取出蛋糕时,表面很可能会遇到冷空气后马上开裂。❤

果酱烤芝士·

·果酱烤芝士·

自制黑布朗果酱带来的酸甜

　　给朋友们准备伴手礼，我的第一选择总是重芝士。重芝士的制作方法说起来简单，但要想做好，还需要耐心和技巧。做一个好吃的芝士蛋糕，需要活动你的馋猫小神经，在芝士蛋糕的主体上注入能使其发光的闪光点，就能成就一款好吃的芝士蛋糕。芝士蛋糕的口味丰富，你可以加入自己喜欢的任何原料，例如本款果酱烤芝士，就是利用自制黑布朗果酱的酸甜滋味来烘托乳酪蛋糕的另一层风味。这款酸甜好滋味的果酱芝士蛋糕，是否能俘获你的心？

● ●

材料（此配方适用六寸模具）

蛋　糕：奶油奶酪250克、淡奶油60克、鸡蛋2个、柠檬汁10克、细砂糖60克、盐1克、玉米淀粉10克、黑布朗果酱适量

饼　底：去夹心奥利奥60克、黄油25克

准备

1. 奥利奥饼干去掉中间夹心，用粉碎机磨成饼碎，或者装在袋子里用擀面杖擀成饼碎。
2. 黄油融化，和奥利奥饼碎一起混合均匀。
3. 模具底部铺上油纸，把黄油奥利奥铺在模具底部，压紧压实。
4. 奶油奶酪提前取出室温软化，若时间来不及，也可以在制作前把凉奶酪放到高温碗中，盖上盖子放到微波炉中用中火微波1分钟后再取出使用。

制作步骤

1. 将奶油奶酪放入深盆中，用小刀将其切小块，再用电动搅拌器把奶油奶酪打顺滑。

2. 分次加入细砂糖和盐，同奶油奶酪一同搅拌，直至乳酪顺滑。

3. 打入一个鸡蛋，搅拌均匀，接着再打入第二个，同样搅拌均匀。

4. 加入淡奶油和柠檬汁，把所有原料搅拌均匀。

5. 筛入玉米淀粉，把粉和乳酪拌匀至全部融合即可。

6. 预热烤箱至160℃，把奶酪糊倒入制作好饼底的模具中，放在桌上轻磕几下模具，震出奶酪糊里的大气泡。

7. 六寸的模具外包上锡纸或者套上八寸固底模具，隔热水，放在最底层，用160℃烤焙1小时。

8. 将黑布朗果酱装入裱花袋中，待乳酪蛋糕烤至表面凝固时取出，将果酱挤在蛋糕上再次送入烤箱中，直至完全烤熟。

凌尔尔说

1. 这款乳酪蛋糕采用低温长时间烘焙的烤制方法，所以表面不会开裂，也不上色。

2. 关于隔热水烤焙：隔热水烤焙的意思是把整个模具放置在热水中，让热水漫过模具身，而不是把模具放置在热水之上。

3. 关于模具外部包裹物：由于烤焙芝士蛋糕都需要隔热水烤焙，所用的活底模在烤焙过程中就会进水，因此通常都要在模具外部包裹锡纸以隔水。不过，我在制作了很多个芝士蛋糕后发现，是否包锡纸问题并不大，也可以用一个比模具大的固底模套在模具外面，同样隔热水烤焙芝士蛋糕，亦无问题，还可以节省锡纸的费用。❤

芒果慕斯杯·

·芒果慕斯杯·

烘焙菜鸟的快手之作

　　说起芒果，很多女生都会心动雀跃，不管是芒果冰激凌、芒果班戟、芒果刨冰，还是芒果慕斯，都深得女生的喜爱。这款小巧可爱的小甜品，不仅制作简便，而且冰润可口，芒果香气扑鼻。小小的杯装慕斯最适合新手制作，成功率极高，小小一杯，装饰切好的芒果丁，再搭配一些其他水果加以配色，即便送人也是相当有心意。

● ●

🧺 **材料**（可制作上径 75mm、下径 52mm、高 70mm 的慕斯杯 4 杯）

芒果 200 克、牛奶 80 克、细砂糖 25 克、吉利丁片 8 克、柠檬汁 15 克、淡奶油 200 克、细砂糖 10 克

🕐 **准备**

1. 芒果洗净去皮切肉，称净重 200 克。
2. 吉利丁片洗净泡水备用。

 制作步骤示意图

图 1

图 2

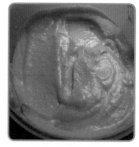

图 3

制作步骤

1. 芒果果肉加牛奶放入料理机里打成芒果果泥。（图1）

2. 开小火加热芒果果泥，加入细砂糖，至芒果泥微沸。

3. 加入泡软的吉利丁片同煮，直到吉利丁片融化，用勺子把所有原料拌匀。

4. 加入柠檬汁调味，将所有原料拌匀后关火，把果泥放至冷却，亦可隔冷水或冰水加速冷却。

5. 在淡奶油中加入10克细砂糖，用电动搅拌机打至六分发。

6. 把放凉的芒果泥加入淡奶油中，二者拌和均匀，慕斯液完成。（图2、图3）

7. 把芒果慕斯倒入小杯中，放入冰箱冷藏3小时即可。

凌尔尔说

1. 判断淡奶油的六分发状态的标准，就是淡奶油搅拌到刚开始出现凝固的状态，能轻松划出纹路，整体出现膨大状，提起搅拌器头，有淡奶油挂在上方。

2. 芒果泥一定要放到凉以后再跟打发的淡奶油搅拌，否则易拌不均匀。❤

- 橄榄油全麦核桃酥饼 -

- 全麦芝麻脆饼 -

- 果仁咸曲奇 -

part
04

* 10 道烤出幸福味的聪明饼干 *

饼干，最快乐的小食。酥脆的，松软的，充满着童年的味道。忍
不住还是要"淘气"一下，加点儿辣椒，奶酪 v.s 花生的对碰，让巧克
力的魔力翻倍……嚼着嚼着，饼干有了"聪明"味。❤

南瓜蔓越莓软曲奇

·南瓜蔓越莓软曲奇·

适合小朋友的健康小零食

　　南瓜是一种美味食材，不管是中餐、西餐还是烘焙，都占有重要的一席之地。南瓜蔓越莓软曲奇虽然是饼干，可是不酥不脆，软软的，很适合小朋友食用，即使多吃也不用担心太上火。制作过程也很方便，妈妈可以在家里动手，给宝宝做一款健康小零食。

材料

低筋面粉210克、玉米油80克、南瓜泥180克、泡打粉2克、细砂糖75克、鸡蛋57克、蔓越莓25克、核桃25克

准备

1. 核桃用150℃烤10分钟至熟后取出掰碎备用。
2. 蔓越莓切碎备用。

 ### 制作步骤示意图

图1

图2

图3

制作步骤

1. 在鸡蛋中加入细砂糖，用手动搅拌器将鸡蛋和糖搅拌均匀至糖融化。

2. 加入玉米油，把鸡蛋液搅拌均匀。

3. 加入南瓜泥，再搅拌均匀。

4. 将低筋面粉和泡打粉的混合物过筛加入上述面糊中搅拌，至均匀无面粉颗粒。
   （图1）

5. 加入蔓越莓碎、核桃碎拌匀。基本面糊做好。（图2）

6. 烤盘上铺上油布，用大圆勺挖一勺面糊放到烤盘上，形状可随意。（图3）

7. 预热烤箱至180℃，放置中层烤焙20分钟即可。

凌尔尔说

1. 烤的时间要根据饼干面糊的大小来适当调整。若面糊挖得比较大勺，饼相对比较大，面糊较厚，可以多烤些时间。若面糊挖得小勺，饼很小，则要减少烤焙时间，大约15分钟就可以了。

2. 如何以最快速度、最省电环保的方式制作南瓜泥？把南瓜洗净去皮去瓢，然后切小块，放在干净的微波碗里，盖上盖子，微波炉高火转三分钟就熟了。取出碗，用擀面杖或者大勺子轻轻碾一碾，就可以迅速把南瓜压成泥。❤

·辣椒蛋黄小西饼·

·辣椒蛋黄小西饼·

饼干也可以有辣味

从刚开始烘焙的小心谨慎，步步为营，严格按照烘焙配方来制作执行，到现在可以根据喜欢的喜好来搭配和制作新配方，做出更对自己胃口的食物，这一路下来是时间的累积和用心认真的制作。烘焙不是唯一且只有一种配方和搭配，做一定的提升和改良也是一种方法，这款辣椒蛋黄小西饼便是如此。喜食辣，连饼干里也加点儿辣，这样才过瘾啊！一款原料火辣、制作简单的手工小饼干，是否也适合喜欢刺激的你？

材料（可制作辣椒蛋黄小西饼 14 个）

低筋面粉 110 克、辣椒粉 3 克、黄油 55 克、蛋黄 2 个、细砂糖 40 克、盐 2 克

制作步骤

1. 黄油室温软化至手指能轻松按出指印的程度，用打蛋器把黄油搅打顺滑。

2. 黄油中分次加入细砂糖和盐搅拌，至黄油颜色发白，细砂糖融化。

3. 分次加入部分蛋黄搅拌，每次都要等蛋黄和黄油糊搅拌均匀后再加下一次。（蛋黄不要全部用完，留下 1/4 的分量待最后刷饼干表面。）

4. 筛入低筋面粉和辣椒粉，把面糊和黄油蛋糊搅拌均匀至无面粉颗粒。

5. 取 15 克 / 个小面团搓成圆形，略压扁，放入铺了油纸的烤盘内。

6. 饼干胚表面均匀刷上剩下的蛋黄液，同时预热烤箱至 180℃，放置烤箱中层烤焙 20 分钟。

奶酪花生饼·

·奶酪花生饼·

酥软不甜腻的奶味花生饼

喜食花生如我，那股坚果特有的香味总是能吸引我一颗接一颗地吃。曾做过花生小酥饼、花生酱戚风、花生面包、花生蛋糕卷，但凡花生风味都能让人觉得美好。这款花生奶酪饼，加入奶酪和花生酱，不仅有奶香，还有花生酱的浓香，酥软不甜腻，喜食花生的人一定要试一试哦。

 材料（可做小饼干 20 个）

低筋面粉 75 克、奶油奶酪 50 克、花生酱 30 克、黄油 20 克、细砂糖 30 克、鸡蛋 45 克、花生颗粒 85 克、盐 1 克、泡打粉 1 克

 准备

黄油和奶油奶酪提前室温软化，制作前若觉得还是太硬不好操作，可放入微波炉用小火转 30 秒。

制作步骤示意图

图 1

图 2

图 3

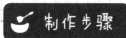制作步骤

1. 黄油打散打顺滑，加入奶油奶酪一同搅拌至顺滑。

2. 分两次加入细砂糖和盐搅拌，搅拌完一次再加入另一半，再次搅拌，搅拌至完全顺滑为止。

3. 加入花生酱搅拌，至所有原料搅拌融合均匀。（图1）

4. 分三次加入鸡蛋搅拌，每搅拌均匀一次再加入下一次，直到所有原料都搅拌均匀。

5. 低筋面粉和泡打粉混合，过筛入奶酪糊中，拌匀至无面粉颗粒，面糊均匀顺滑。

6. 加入花生颗粒拌匀。（图2）

7. 用勺子舀一点儿面糊，放入手中搓圆，放入铺了油布的烤盘里，用手压扁即可。（图3）

8. 预热烤箱至180℃，放置中层烤焙17分钟即可。

凌尒尒说

这款小饼干甜咸适中，有一股悠悠的醇奶香味，奶酪补钙，坚果富含蛋白质、油脂、矿物质、维生素，非常适合老人和儿童食用。❤

橄榄油全麦核桃饼·

·橄榄油全麦核桃饼·

低脂低糖的健康小饼

怕胖的朋友若是很馋小饼干，就选择 home make 吧。自制小饼的原料选材自己心里有数，可挑可选。比如加入全麦粉和橄榄油，可使这款饼干更为健康，油量和糖量也酌情少加，核桃则在全麦的基础上香上加香了。

· ·

 **材料**

低筋面粉 140 克、全麦粉 60 克、核桃 60 克、橄榄油 40 克、细砂糖 70 克、盐 1 克、鸡蛋 105 克（约 2 个蛋）

🕐 **准备**

核桃掰成小块，用 150℃烤 10 分钟至酥香备用。

🥄 **制作步骤**

1. 在鸡蛋中加入细砂糖和盐，搅拌至糖和盐融化。
2. 加入橄榄油，把蛋液和橄榄油拌匀融合。
3. 加入低筋面粉和全麦粉，把所有原料搅拌均匀。
4. 加入烘香的核桃碎，把粉、蛋液等全数拌匀。
5. 面团比较湿黏，操作前，请先在手上涂抹橄榄油。
6. 用勺挖一小球面团在手心中，搓成球状后，放在烤盘内，用手指压成小圆饼状即可。
7. 预热烤箱至 180℃。放置烤箱中层烤焙 20 分钟。

全麦芝麻脆饼

·全麦芝麻脆饼·

酥脆又健康

这一款同样以全麦粉为原料的健康小饼，与橄榄油全麦核桃饼干不同。全麦芝麻脆饼以黄油为主要油脂，小饼更加香脆，有牛油的乳香、全麦粉的麦香，还有黑芝麻的坚果香，吃起来香脆，甜中有咸，在嘴中轻轻咀嚼，满口都是复合香气的融合，搭配一杯黑咖啡和一本好书，享受美好的下午茶时光。

材料

黄油90克、细砂糖40克、盐1克、鸡蛋30克、低筋面粉100克、泡打粉1克、全麦粉30克、黑芝麻17克

制作步骤示意图

图1　　　　图2　　　　图3

制作步骤

1. 黄油室温软化至手指能轻松按出指印的程度。

2. 搅打黄油至软，分两次加入糖和盐的混合物，搅拌完成后再加下一次，直到黄油打发膨大呈羽状。

3. 鸡蛋打散，分次少量加入黄油中，每次都要搅打至鸡蛋与黄油融合再加下一次。

4. 低筋面粉和泡打粉混合过筛加入黄油中，拌匀至黄油与粉类呈粗糙状。（图 1）

5. 加入全麦粉和黑芝麻，反复拌匀至无干粉即可。（图 2）

6. 取两个一样大的勺，挖一小球，反复交替刮成圆形。

7. 放入烤盘内，勺子背面蘸水，把面糊压成饼状。

8. 取一把叉子蘸水，在面糊表面压出叉印。（图 3）

9. 预热烤箱至 180℃，放置中层烤焙 20 分钟即可。

凌尒尒说

这款小饼的制作关键在于面糊整形，切记勺子背部一定要蘸水后才能压平表面且不会粘，否则面糊会直接粘在勺背面哦。❤

椰子酥

·椰子酥·

可长时间存放的美味香酥

带有浓郁椰香风味的椰子酥饼散发着南洋气息，这款茶点小饼真是让人喜欢。以椰蓉和纯正椰浆粉加入面糊中，烤出带着一丝小清新风味的椰子酥饼，酥脆、爽口、椰香浓郁，再来一杯黑咖啡是最好的搭配。我曾尝试着长时间存放它，烤好后将其放在密封的饼干桶中保存半个月，再吃时，依旧美味香酥。

· ·

材料

黄油 108 克、细砂糖 50 克、杏仁粉 25 克、椰蓉 15 克、椰浆粉 10 克、蛋液 17 克、中筋面粉 108 克

制作步骤示意图

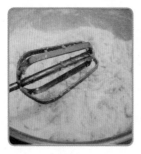

图 1

图 2

图 3

🥄 制作步骤

1. 黄油室温软化到手指一按就能轻松按出指印的程度。

2. 先用电动打蛋器把黄油打顺滑。

3. 加入细砂糖,将黄油打到细砂糖融化、黄油发白的状态。

4. 分次放入蛋液搅拌黄油,每一次都要搅拌到鸡蛋液和黄油融合均匀再加下一次。

5. 加入椰蓉、杏仁粉拌匀。

6. 筛入中筋面粉和椰浆粉一同拌匀成团。(图1)

7. 把面团包入保鲜膜里,搓成细长圆柱状,放入冰箱冷藏2小时。

8. 时间到后取出,撕开保鲜膜,用刀将面团切成宽度0.5厘米左右的圆饼面片。(这时候可以开始预热烤箱至170℃。)(图2)

9. 将面片依次排入铺了油布的烤盘里。(图3)

10. 放置烤箱中层,用170℃烤焙15分钟即可。

凌众众说

如何处理搅拌器上的黄油?在制作这种需要打发黄油的小饼干时,经常都会遇到这个问题——打发好的黄油多多少少都会挂一些在打蛋器上,很难处理得干净。若这些黄油没有很好地处理,有可能会使配方因黄油的误减而导致制作失败。其实只要一根小小的牙签就能办到。牙签体积小,细长,可以很方便地触及一些刮刀或勺子刮不到的细小地方,轻轻一抠就能把挂在搅拌器上的黄油清理得很干净。❤

桃
酥

· 桃酥 ·

古早味不减还多了分健康

桃酥，经典古早味小食。传统配方用的是猪油，在没有现代精炼植物油的年代，这就是家家户户的必备"油脂"。如今，吃猪油者渐少，大家都注重健康，注重营养。因此，本款桃酥选择植物油作为主要油脂，少了猪油的香，却多了健康元素。

材料

中筋面粉 100 克、细砂糖 30 克、盐 1 克、植物油 55 克、鸡蛋 10 克、生核桃 35 克、泡打粉 1 克、小苏打 0.5 克

准备

生核桃肉先入烤箱用 150℃烤 10 分钟后取出来掰成小块，可以尽量弄得更碎一些。

制作步骤

1. 鸡蛋加细砂糖和盐打散，搅拌至鸡蛋发白。（留少许蛋液不加糖和盐，稍后用。）
2. 加入植物油，搅拌至鸡蛋和油全部融合。
3. 筛入中筋面粉、泡打粉、小苏打等粉类混合，用橡皮刮刀把面粉和油拌匀。
4. 倒入小块核桃，拌匀即可。
5. 取 15 克面团，先用手把面团抓得紧实一些，再放入烤盘中，用手指压扁，推压成圆形。
6. 饼胚表面刷上剩余全蛋液备用。
7. 预热烤箱至 180℃，放置中层烤焙 10 分钟。

· 巧克力香蕉软曲奇 ·

·巧克力香蕉软曲奇·

多重口感的风味曲奇饼

吃惯了酥脆的曲奇饼，换个口味，尝尝喷香松软的软曲奇吧。这款软曲奇是我常用来送人的一款小饼干。制作起来快捷、方便，只需要几个步骤就可以完成，不需要冷藏面团、切面团等繁琐的程序，在塑形方面，只需要用到两把圆勺子，舀一勺面糊，交替着放到烤盘里，尽量弄成圆形就可以了。配方里除了香蕉泥和可可粉以外，我还加入了巧克力豆和杏仁颗粒，吃起来能尝得到巧克力豆和杏仁的香，风味浓郁。

🧺 **材料**（可制作巧克力香蕉软曲奇 15 个）

低筋面粉 125 克、可可粉 15 克、色拉油 55 克、香蕉 120 克、小苏打 2 克、细砂糖 50 克、鸡蛋 45 克、巧克力豆 30 克、杏仁碎 30 克、杏仁 15 个

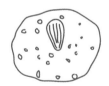

 制作步骤示意图

图 1

图 2

图 3

制作步骤

1. 香蕉加入小苏打一起碾压成香蕉泥。

2. 鸡蛋加入细砂糖，搅拌至糖融化均匀。

3. 加入色拉油，搅拌至油和蛋融合均匀。

4. 加入香蕉泥拌匀。（图1）

5. 低筋面粉和可可粉混合过筛，把所有原料拌匀成光滑的面糊。

6. 加入杏仁碎和巧克力豆，拌匀。（图2）

7. 烤盘里铺上干净油布，用圆勺舀一勺面糊放入烤盘，中间摆上1颗大杏仁。（图3）

8. 预热烤箱至180℃，放置中层烤焙18分钟即可。

凌尔尔说

1. 如何快速处理香蕉泥？将香蕉去皮，放入干净的保鲜袋中，加入2克小苏打，排空袋内空气，用手反复碾压香蕉即可。

2. 烤焙的时间可以依个人口味做适当的调整。若喜欢吃香酥一些的，可以延长烤焙时间至20分钟左右。若喜欢松软一些的，时间则可以缩短至17分钟左右。❤

果仁咸曲奇

·果仁咸曲奇·

咸味曲奇美味依然

做这款咸曲奇的初衷，是因为闺蜜的妈妈是糖尿病患者。为了让阿姨吃到我亲手做的美味饼干，便突发奇想地做一款咸味的曲奇赠与她。糖量少，却同样酥脆，同样香喷喷。且不论这饼干低糖适合糖尿病人，有时候咸饼干更受欢迎。这款带着花生和核桃的咸曲奇，真是酥香得让人一口接一口停不了，快来试试吧。

材料

黄油 55 克、低筋面粉 100 克、盐 1 克、细砂糖 15 克、黑胡椒粉 1 克、蛋液 20 克、花生 25 克、核桃 25 克

准备

核桃掰成小块，用 150℃烤 10 分钟至酥香备用。

制作步骤

1. 黄油软化至用手指一按可轻松按出指印的程度。
2. 打发黄油至软，加入细砂糖和盐打发至软，呈微白色。
3. 慢慢分次加入蛋液打发黄油，每加入一次都要与黄油融为一体后再加下一次。
4. 将低筋面粉过筛加入黄油中，继续加入黑胡椒粉一同拌匀，至面团呈半干状态。
5. 倒入花生和核桃碎，拌匀面团。
6. 用手将面团弄成长方形，用保鲜袋包好放入冰箱冷藏 1 小时左右。
7. 取出面团后，用小刀将其切成约 0.5 厘米的厚片。
8. 将面片排入铺了油布的烤盘中，中间要留出空隙。
9. 预热烤箱至 180℃，放置中层烤焙 15 分钟。

·巧克力奇普饼干·

·巧克力奇普饼干·

加了红糖的"趣多多"

巧克力奇普饼干是美国最流行的巧克力饼干,看着是不是觉得很像趣多多呢?这款饼干酥脆浓香,一口咬下,浓郁的巧克力香扑鼻而来,在口中化开那层香酥的外壳,咦,里头还有一颗颗的巧克力豆,真是让人惊喜,巧克力控绝对都 Hold 不住。这款配方里,我将常用的白糖换成了红糖,不仅让饼干的颜色更加漂亮,红糖的焦香气也给饼干另一个层次的升华。

材料(可制作巧克力奇谱饼干 13 块)

黄油 70 克、高筋面粉 60 克、低筋面粉 60 克、小苏打 1 克、泡打粉 1 克、盐 1 克、红糖 70 克、蛋液 30 克、巧克力豆 100 克

 ### 制作步骤示意图

图 1

图 2

图 3

制作步骤

1. 黄油软化至用手指一按可轻松按出指印的程度。

2. 打发黄油至软，加入红糖和盐打发至软。

3. 分次加入蛋液搅拌均匀，每搅拌一次都要至完全融合后再加下一次。

4. 过筛加入所有粉类，并用橡皮刮刀把所有粉类和黄油拌匀。（图1）

5. 加入巧克力豆拌匀，饼干面团完成。（图2）

6. 盖保鲜膜冷藏24小时，取出面团，分30克/个，搓圆，压扁，排入铺了油布的烤盘中，每份饼干中间要留有空隙。（图3）

7. 预热烤箱至175℃，放置中层烤焙18分钟。

凌尔尔说

制作饼干面糊时，当低筋面粉过筛入黄油中，刚开始搅拌的时候可能会觉得很干，甚至会感觉是不是根本拌匀不了，粉太多？这是因为黄油非液体，无法很快地与粉类融合，你只需要耐心地用橡皮刮刀"按压"，使黄油和粉能融为一体，一边按压，一边再切拌，把更多的粉和已经融合好的面糊继续再融合。最后加入巧克力豆后再拌匀，即可制成饼干面团。面团是不是已经变得湿润了呢？所以，在刚开始拌不匀时，切勿着急加油或减粉。❤

- 香草卡仕达泡芙 -

- 蓝莓乳酪挞 -

- 咖啡面包布丁 -

part
05

* ⑩ 道达到星级享受的梦幻点心 *

··

　　泡芙、面包布丁、司康、各种挞……西点比你我想象的丰富得多。了解它们的方式有很多，传统的、经典的，或者"鬼马"的。方法可以是多变的、创意的，但味道必须坚持"星级享受"。❤

黄金芝士海苔咸泡芙

·黄金芝士海苔咸泡芙·

挑战中式 咸泡芙

吃惯了甜味的泡芙，是否想尝尝咸泡芙？换换口味吧！这款泡芙的夹馅是特调的，除了少量的糖，还加入了盐和海苔粉，打发好的泡芙夹馅咸中微甜，有着海苔的香。吃的时候还可以加入肉松或者其他配料，搭配着咸味的泡芙一起食用简直绝妙。爱挑战新口味的你可以试试哦！

材料（可制作约 4.5~5cm 的成品泡芙 30 个）

泡　芙：低筋面粉 90 克、黄金芝士粉 10 克、水 150 克、鸡蛋 132 克、盐 1 克、
　　　　黄油 70 克
夹　馅：淡奶油 200 克、海苔粉 2 大勺、盐 2 克、细砂糖 40 克、肉松适量

 制作步骤示意图

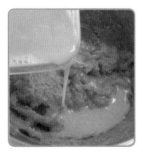

图 1　　　　　　　　　　图 2　　　　　　　　　　图 3

制作步骤

1. 泡芙材料中的水加黄油加盐，放入锅中，用中火煮至完全沸腾。

2. 关火，马上倒入过筛的低筋面粉和黄金芝士粉，搅拌均匀，成一个光滑的面团。

3. 重新开火，以小火搅拌大概 1 分钟，蒸发掉面团里的部分水分。

4. 将面团放入搅拌盆中，放置一边让其自然冷却至不烫手即可。

5. 分多次倒入打散的蛋液，每完全混匀一次，再加入下一次，完全混合好的面糊细腻有光泽。（此时可以开始预热烤箱至 210℃。）（图 1）

6. 将面糊装入裱花袋中，用 1cm 圆形裱花嘴挤入烤盘中，每个泡芙直径大概 3.5 厘米。

7. 手指蘸上水，把泡芙面糊尖起的面糊抹平。（图 2）

8. 210℃中层烤焙，上下火烤约 22 分钟。烤焙中若发现泡芙顶部表皮上色了，可以架个网架，盖上锡纸，以防泡芙顶上色过度。

9. 利用烤焙泡芙的时间可以来做夹馅，淡奶油加入细砂糖和盐打到八分发，加入一大勺海苔粉再混合搅拌均匀即可。（图 3）

凌尒尒说

关于泡芙的面糊

1. 面糊要充分搅拌，在搅拌的时候让空气进入面糊，烤焙时泡芙才会胀得漂亮。

2. 面糊的状态应该是很细腻的，用勺刮起一点儿面糊让其挂在刮刀上，使其能很顺滑地垂立下来为好。❤

· 香草卡仕达泡芙 ·

·香草卡仕达泡芙·

香草酱就这么"冲口而出"

　　泡芙烘焙的过程中，随着时间的延长，烤箱温度的上升，一颗颗小小的牛奶面糊慢慢地"膨大"，最后变成一颗颗外脆内空的小胖子。别看这小家伙不起眼，其实它可不简单，那大大的肚子可以装很多很丰富的馅料哦。填入馅料的泡芙，一口吃下，有"爆浆"之感——想象冰冰凉凉的香草卡仕达酱喷涌而出，香草的香味充满整个口腔，滑滑润润，让人忍不住卷起舌头。

材料

泡　　　　芙：黄油94克、水150克、牛奶150克、盐5克、细砂糖58克、高筋面粉34克、低筋面粉93克、鸡蛋4个（约195克左右）

香草卡仕达酱：牛奶250克、细砂糖57.5克、低筋面粉15克、蛋黄50克、黄油6克、香草荚1/4根

打发淡奶油：淡奶油100克、细砂糖10克

制作步骤示意图

图1

图2

图3

制作步骤

一、香草卡仕达酱制作

1. 香草荚从中间切开,刮出黑色香草籽,连同香草荚一起放到牛奶中加热至煮沸,盖上盖子,焖15分钟。
2. 蛋黄加细砂糖拌匀至发白,加入低筋面粉拌匀。
3. 香草牛奶取出香草荚后迅速倒入蛋黄中快速搅拌均匀(边倒牛奶边搅拌)。
4. 将香草牛奶蛋液重新倒回锅中煮到稠(过程中要不断搅拌以防粘锅),加入黄油拌匀,将卡仕达表面盖上保鲜膜放至凉。
5. 打发淡奶油材料中的淡奶油加细砂糖打发至七分发状态,加入卡仕达酱拌匀成卡仕达奶油酱即可使用。

二、泡芙制作

1. 黄油加盐、细砂糖、水和牛奶煮融化。
2. 加入过筛的高筋面粉和低筋面粉,将液体与面粉拌匀成团。
3. 将面团重新回锅,一边开火一边搅拌,将面团中的液体再蒸发掉一部分,煮到面糊能略微粘住锅底即可。
4. 将面糊换到另一个深盆中,放至微温(用手摸不烫),慢慢分次加入打散的鸡蛋,每加入一次鸡蛋,都要把鸡蛋和面糊拌匀后再加下一次。
5. 制作好的面糊较软稠,提起刮刀,面糊会自然垂立呈三角状。
6. 把面糊装入裱花袋,然后用裱花嘴挤出一元硬币大小。
7. 挤好后,用手指蘸水,在面糊表面轻轻抹一下,把尖头部分下压。(图1)
8. 预热烤箱至210℃,放置中层烤焙25分钟左右。(图2)
9. 泡芙放凉,剖开,挤入香草卡仕达酱,点缀上自己喜欢的水果即可。(图3)

凌介介说

烤泡芙的温度需要高一些,表面可以烤成金黄色,更为诱人,脆脆的表皮口感也更好。❤

· 草莓椰丝挞 ·

·草莓椰丝挞·

清香的椰丝小点惹人喜爱

草莓椰丝挞，是一款简易上手的美味小挞。如果除去装饰的奶油泡和草莓，这款椰丝挞就是厦门名点椰子饼。一般八寸挞里用的挞皮都是干式黄油搓和面粉而成的挞皮，制作过程比较复杂，还要垫镇石再经过二次烤焙，这款小挞就简单了。融化好黄油揉面粉，最后直接切小块来压模，简单易上手的操作相当适合新手，让你有满满的自信。

材料（可制作下径 5.0cm、上径 7.5cm、高 2.1cm 菊花挞模 10 个）

挞　皮：低筋面粉 150 克、黄油 70 克、细砂糖 20 克、全蛋液 30 克
挞　馅：椰蓉 90 克、细砂糖 70 克、淡奶油 35 克、椰浆 90 克、全蛋液 85 克
装　饰：淡奶油 100 克、细砂糖 20 克、草莓适量（如无淡奶油可以用椰浆代替）

制作步骤示意图

图1

图2

图3

制作步骤

一、挞皮制作

1. 黄油加细砂糖隔热水加热融化成液态，边加热边搅拌黄油和细砂糖，使两者融化。
2. 关火，用余温在黄油液中加入 30 克全蛋液并快速搅拌均匀。
3. 筛入低筋面粉团成面团，放入碗中，表面盖上遮盖物放在旁边醒发。

二、挞馅制作

1. 全蛋液中加入细砂糖搅拌至均匀。
2. 加入椰浆和淡奶油搅拌均匀。
3. 加入椰蓉搅拌均匀。

三、组合

1. 挞皮面团称重，平均分成 10 份。
2. 每个面团均搓圆后填入模具中，用手先压扁，再双手把挞皮从中间往旁边推，从旁边再往上推，可以使用旋转推模的方式，这样推出来的挞皮比较均匀。（图 1、图 2）
3. 将做好的椰蓉馅装入挞皮中，八分满即可。（图 3）
4. 预热烤箱至 190℃，放置烤箱中层烤焙 30 分钟即可。
5. 烤好的椰丝挞放凉，装饰材料中的淡奶油加入细砂糖打至八分硬状态（便于塑形），装入裱花袋内，挤在放凉的挞上，再切些草莓装饰即可。

凌尔尔说

面团分割完毕开始制作，捏挞皮需要一定的时间，有可能在制作最后几个椰丝挞时，挞皮已经有些硬了（黄油遇冷容易硬化），硬掉的挞皮在塑型时可能会龟裂，制作效果不好。鉴于此，可以拿起挞皮面团用手捏几下，把它捏得回软一些，再重新搓圆，塑模❤

蓝莓乳酪挞

· 蓝莓乳酪挞 ·

新鲜莓果搭配出的惊喜

在小点心上用新鲜的莓果装饰，不管是蓝莓、黑莓、覆盆子、车厘子，还是其他好看的小果子，都能让点心锦上添花。我做挞，很喜欢搭配新鲜莓果，漂亮又好吃，本款蓝莓乳酪挞便是如此。当蓝莓在烤箱里受热迸开，汁水与乳酪馅相融合，酥酥的挞皮、细腻的乳酪馅和新鲜的蓝莓汁一同混合在口中，三种不同的口感和滋味交融在一起的感觉真是美妙极了！

材料（可制作八寸圆形挞一个）

挞　皮：黄油 80 克、细砂糖 40 克、低筋面粉 160 克、蛋黄 18 克、牛奶 20 克、盐 1 克

挞　馅：奶油乳酪 100 克、细砂糖 40 克、鸡蛋 1 个、低筋面粉 7 克、淡奶油 80 克、柠檬汁 15 克

装　饰：蓝莓

 制作步骤示意图

图 1	图 2	图 3

制作步骤

一、挞皮制作

1. 黄油室温软化，用搅拌器搅拌至软化。

2. 分两次加入盐和糖的混合物，把黄油搅拌至发白膨发状。

3. 加入蛋黄搅拌均匀。

4. 分次加入牛奶搅拌均匀。

5. 加入过筛的低筋面粉，把所有原料搅拌均匀（不要过度揉搓）。

6. 团成团状后，将挞皮包上保鲜膜放到冰箱冷藏1小时。

二、挞馅制作

1. 奶油乳酪隔热水软化，搅拌至均匀。

2. 加入细砂糖拌匀成乳霜状。

3. 加入鸡蛋拌至所有原料均匀。

4. 加入淡奶油和柠檬汁拌匀。

5. 加入低筋面粉拌匀，乳酪面糊完成。

三、烘焙

1. 挞皮从冰箱取出，案板上撒面粉，把挞皮放在案板上，用擀面杖擀开。把挞模放在
   挞皮上测量一下是否擀到位，把挞皮装入挞模中，切除多余部分。（图1）

2. 用叉子把挞皮叉出洞洞，防止烤焙的时候膨胀起来。

3. 把锡纸铺在挞皮上，把豆类等重物放在锡纸上(有专业挞皮镇石更好)，压在挞皮上。

4. 预热烤箱至180℃，预热完成后放进烤箱烤焙20分钟。

5. 将烤焙好的挞皮取出，放至微凉，放上洗净的蓝莓，装入乳酪液至九分满。（图2、图3）

6. 预热烤箱至175℃，放置中层烤焙30分钟。

凌尒尒说

制作挞皮时通常会觉得比较粘手，面粉和液体都粘在手上不好操作。关于这个问题，我有一个小窍门，能让你的双手干干净净地制作挞皮。这个窍门就是，在液体和面粉混合时用筷子拌成疙瘩块状，然后把疙瘩块装入保鲜膜中，手隔着保鲜膜按压，使面团成形。这样可以避免手直接触碰到面团，不会粘手。❤

红薯奶酪培根挞

·红薯奶酪培根挞·

谁说烘焙西点只能是甜的

爱动手做小点心的你，不知道是否曾有过跟我一样的尴尬经历。曾拿自制点心款待朋友，他却连连挥手：不好意思，我不爱吃甜的东西。于是，如何让不爱吃甜的朋友，也融入欢乐的 High Tea 时光，成了我制作咸味烘焙的初衷。比如这款红薯奶酪培根挞，加入了红薯泥和培根，还有香浓的奶酪辅佐，一定会赢得他们的欢心。

· ·

🧺 材料（可制作八寸圆形挞一个）

挞　皮：低筋面粉 125 克、黄油 62 克、蛋黄 10 克、水 30 克、盐 1 克
奶酪糊：奶油奶酪 170 克、鸡蛋 1 个（约 55 克）、红薯泥 80 克、淡奶油 20 克、
　　　　培根 40 克、细砂糖 25 克、盐 3 克、黑胡椒粉适量

🕐 准备

1. 奶油奶酪称量好所需分量，室温软化。
2. 培根切成小块，放入锅中炒至培根熟。若用不粘锅炒可以不放油，因为培根本身含油。
3. 红薯洗净，放到高温碗中，盖上盖子，入微波炉高火转 3 分钟后取出，去皮，压成红薯泥备用。

制作步骤

一、挞皮制作

1. 黄油放入低筋面粉中，用切面刀把黄油和面粉混合着切成小丁。

2. 用双手搓黄油和面粉，混合着搓，直到黄油面粉变成粗细相等的沙粒状。

3. 蛋黄中加入水和盐混合均匀，倒入黄油面粉中，用筷子把液体和粉类拌成疙瘩块状，然后装入保鲜膜中，用手按压团成面团。

4. 取另一个干净的袋子，把面团包起，放到冰箱里冷藏松弛半小时。

二、奶酪糊制作

1. 奶油奶酪室温软化，或者切小块后放微波炉中微波至软，用搅拌器将奶酪搅打顺滑。

2. 细砂糖和盐混合均匀，分次加入奶酪糊中搅拌，每次都要拌匀以后再加下一次，直到糖和奶酪糊融合均匀。

3. 分两次加入鸡蛋液搅拌均匀。

4. 加入红薯泥和黑胡椒粉拌匀。

5. 加入淡奶油搅拌均匀，至奶酪糊细腻无颗粒。

6. 加入事先煎好的培根拌匀，奶酪糊完成。

三、混合及烤焙

1. 案板上和擀面杖上都抹上干面粉，把面团放在案板上，用擀面杖把面团擀成厚薄一致的圆面片（面片的宽度要比模具再多出一块，多出的那块就是模具的边缘）。

2. 把面片移到模具中铺好，用手指把模具边的面片压紧实。

3. 模具中的面片也要用手轻轻压一压，与底部压实。

4. 把模具外多余的面皮压掉，取出。

5. 用叉子把模具里的面皮叉出小孔，以防止烤焙的时候面皮鼓起。

6. 将挞模内的面皮叉好孔，铺上锡纸，压上重物。

7. 放入预热至175℃的烤箱里烤焙15分钟。

8. 挞皮第一阶段烤焙完成，取出烤盘。把挞皮上的重物和锡纸取出，继续放入烤焙10分钟。

9. 把奶酪馅倒入挞皮内铺平，重新放入烤箱，中层，170℃，烤约30分钟即可。

红酒西梅乳酪挞

·红酒西梅乳酪挞·

一款微熏的甜蜜小点

在美食界，有一道出名的红酒梨，用红酒浸泡香梨，酒精的微熏感和香梨的清甜融合在一起，别有一番风味。依偎这款让人心醉的经典小点风味，用红酒浸泡西梅是否也一样美味呢？答案是肯定的！将西梅用红酒和糖煮熟后浸泡，直至浸入整体，整颗西梅都充满了香甜的红酒香气。再试着把这甜蜜的红酒西梅加入乳酪馅中，一款特殊的红酒西梅乳酪挞就完成了。加上顶上那层香酥皮，乳香和酒香的融合，让你的味蕾享受甜蜜的微醺。

· ·

材料（可制作下径 5.0cm、上径 7.5cm、高 2.1cm 的菊花挞模 10 个）

红酒西梅：西梅 350 克（去核后称重）、细砂糖 100 克、红酒 80 克、水 200 克、香草精（云尼拿香精）少许

挞　皮：低筋面粉 225 克、黄油 105 克、细砂糖 30 克

挞　馅：奶油奶酪 200 克、杏仁粉 50 克、蛋黄 1 个、红酒西梅 130 克、细砂糖 70 克

准备

1. 西梅洗净后对半切开，去核，加入细砂糖、红酒、水煮开，转小火煮至软，放凉后收入冰箱冷藏 12 小时（让其更入味）。
2. 红酒西梅切成块状，沥干水后备用。
3. 奶油奶酪提前称重切割后放室温软化备用。

制作步骤示意图

图1   图2   图3

制作步骤

一、挞皮制作

1. 黄油中加入细砂糖，隔热水融化完全，加入低筋面粉团成团状。

2. 把挞皮分成240克和120克两份，分别用两个保鲜袋包好。

3. 240克挞皮放室温松弛，120克挞皮放入冰箱冷藏成硬块状。

二、红酒西梅奶酪挞馅制作

1. 奶油奶酪用搅拌器搅拌顺滑，细砂糖分两次加入奶酪中，把奶酪完全搅拌顺滑。

2. 蛋黄加入奶酪中搅拌顺滑。

3. 加入杏仁粉搅拌均匀。

4. 加入红酒西梅，搅拌均匀，奶酪挞馅完成。（图1）

三、组合及烤焙

1. 120克挞皮冻成块后取出用刨刀刨成粗屑状备用。

2. 240克挞皮松弛后平均分成10份，每个面团均搓圆后填入模具中，用手先压扁，再双手把挞皮从中间往旁边推，从旁边再往上推，可以使用旋转推模的方式，这样推出来的挞皮比较均匀。（图2）

3. 将做好的奶酪馅填入挞皮中，九分满，顶上均匀铺上刨好的挞皮碎。（图3）

4. 预热烤箱至190℃，放置中层烤焙35分钟。

· 坚果挞 ·

·坚果挞·

复合型坚果的绝对诱惑

　　丰富的复合坚果造就了这款喷香酥脆、让人忍不住想一块接一块入口享受的坚果挞。这款带着焦糖和麦芽香的小甜品，含有多种对人体有益的蛋白质、脂肪、碳水化合物，还含有维生素、磷、钙、锌、铁、膳食纤维等。虽然热量较高，但非常适合下午茶时食用。一块坚果挞，一杯暖洋洋的红茶，既补充营养，又提供能量，让你能够更好地应对繁重的工作，真是好享受。

 材料（此配方可以做八寸圆挞1个）

挞　皮： 低筋面粉112克、黄油50克、蛋黄10克、盐1克、水24克
坚果馅： 核桃仁40克、杏仁40克、花生仁40克、白糖75克、淡奶油150克、清水15毫升

制作步骤示意图

图1

图2

图3

制作步骤

一、挞皮制作

1. 黄油放入低筋面粉中，用切面刀把黄油和面粉混合着切成小丁。

2. 用双手搓黄油和面粉，混合着搓，直到黄油面粉变成粗细相等的沙粒状。

3. 蛋黄中加入水和盐混合均匀，倒入黄油面粉中，用筷子把液体和粉类拌成疙瘩块状，然后装入保鲜膜中，用手按压团成面团。

4. 取另一个干净的袋子，把面团包起，放到冰箱里冷藏松弛半小时。

二、馅料制作

1. 核桃仁、花生仁、杏仁都切碎，放入烤箱，150℃，烤10分钟。（事先烘烤可使口感更佳，但也可以省掉这一步。）（图1）

2. 白糖入热锅，加入15毫升清水使其熬到焦糖色(糖浆冒大泡泡)。关火倒入淡奶油搅拌，至焦糖和淡奶油完全融合，焦糖浆做好。

3. 加入坚果拌匀，坚果馅完成。

三、组合及烤焙

1. 案板上撒上面粉，然后把面团放在案板上，用擀面杖把面团擀成厚薄一致的圆面片（面片的宽度等要比模具再多出一块，多出的那块就是模具的边缘）。

2. 把面片移到模具中铺好，用手指把模具边的面片压紧实。

3. 模具中的面片也要用手轻轻压一压，与底部压实。

4. 把模具外多余的面皮压掉，取出。

5. 用叉子把模具里的面皮叉出小孔，以防止烤焙的时候面皮鼓起。（图2）

6. 将挞模内面皮叉好孔，铺上锡纸，压上重物（可以是专业挞皮镇石，也可以是石头，或红豆、黑豆等豆类）。

7. 放入预热至175℃的烤箱里烤焙15分钟。

8. 取出烤盘，把挞皮上的重物和锡纸取出，继续放入烤箱中烤焙10分钟。

9. 取出烤好的挞皮，把坚果馅倒入挞皮内铺平。（图3）

10. 重新放入烤箱，用175℃中层继续烤15分钟即可。

香葱玉米司康

·香葱玉米司康·

老少咸宜的咸味司康

司康多以泡打粉作为膨大的辅助粉类，但其实酵母也可以。喜欢酵母版司康的人说酵母版的比泡打粉版的更好吃、更松软。这样一款咸味的酵母版司康，在口味上做了创新，加入蔬菜的元素，减低糖量，多加了些盐辅味，有益身体健康。

材料

高筋面粉 100 克、低筋面粉 150 克、酵母 6 克、黄油 60 克、玉米 50 克、香葱 10 克、细砂糖 30 克、盐 2 克、鸡蛋 1 个、牛奶约 80 毫升

准备

1. 黄油若原存放于冷藏室中，请提前半小时移至冷冻室，使其冻得稍硬一些。
2. 香葱洗净，切成葱粒备用。
3. 玉米掰出玉米粒备用。

制作步骤

1. 高筋面粉、低筋面粉、酵母、细砂糖混合均匀。
2. 用切面刀把黄油切小块，将黄油加入粉类中。用双手搓粉类和黄油的混合物，直到把所有原料都搓成细砂粒状。
3. 鸡蛋打匀，部分加入牛奶中，二者搅拌均匀，再倒入上述的黄油面粉中，用筷子把所有的原料稍微拌和。
4. 加入玉米粒和葱粒拌匀，轻轻地把上述原料拢成团（不能过分揉搓）。
5. 案板上撒一层薄面粉，面团擀成 1.5 厘米左右的圆面片，用面刀平均切开，切成八等分的三角形。
6. 摆入铺了油布的烤盘，表面盖上保鲜膜，放置醒发 1 小时至司康发酵膨大。
7. 醒发完成后，取出，在其表面刷上剩余鸡蛋液。
8. 预热烤箱至 180℃，放置烤箱中层烤焙 20 分钟即可。

· 杂果司康 ·

·杂果司康·

三种干果碰撞出的美味

在家中备各种货对我来说是必须的，尤为喜欢各种干果。核桃、杏仁、无花果干、葡萄干、橙皮丁、芒果丁……这些小干果不管是用于制作蛋糕、面包，还是饼干，都能提升风味和口感。此款杂果司康，便是使用了家中的存货葡萄干、芒果干和橙皮丁来制作的，口感丰富，风味独特。司康松软美味，做成直径6厘米的大块头，早餐和下午茶食用都没有问题。

材料（可制作6cm齿型圆切模15个）

低筋面粉400克、高筋面粉100克、细砂糖70克、泡打粉16克、橙皮丁30克、芒果丁30克、葡萄干30克、牛奶145克、鸡蛋120克、黄油（冰）120克、水100毫升、朗姆酒15毫升

制作步骤

1. 葡萄干提前用水和朗姆酒浸泡12小时。

2. 高筋面粉、低筋面粉、泡打粉、细砂糖、冰黄油均放入大盆中，用黄油切刀或者塑料面刀将冰黄油和面粉混合切割，直至黄油同面粉融合在一起，成为粗砂粒状。

3. 盆中加入鸡蛋（留少许蛋液后面用）、牛奶拌至面粉微湿状。

4. 加入橙皮丁、芒果丁，将浸泡好的葡萄干挤干水分后加入其中，拌匀成面粉团。

5. 案板上撒配方外的适量高筋面粉防粘，将面粉和原料捏紧成团，用擀面杖擀成1.5厘米高的面片。

6. 用齿型圆切模切件，一遍切完，剩下原料继续捏紧成团，擀开，切件，反复至所有原料均切件完毕。

7. 司康表面刷剩余的鸡蛋液，入预热至190℃的烤箱烤焙20分钟即可。

· 咖啡面包布丁 ·

·咖啡面包布丁·

吐司面包的升级版

　　前面介绍过一款中种焦糖吐司，吐司做好了，除了抹酱夹料，还能怎么吃？如何才能给吐司制造新鲜吃法？这款吐司布丁，就是很好的吐司面包升级版。面包布丁的制作方法很简便。口味丰富多彩，把吐司切成丁，加入由牛奶、淡奶油、鸡蛋等组成的布丁液，放到烤箱里烘焙。当牛奶蛋液经过高温烘焙，与面包丁紧紧地拥抱在一起时，舀起一勺，温热喷香，软糯柔和的吐司布丁就完成了哦。如果你不想吃咖啡口味，可以换成巧克力，或是加入各色坚果，抑或是做成咸味加肉的咸布丁，请随意发挥自己的创意吧！

 材料

吐司 3 片、鸡蛋 2 个、细砂糖 60 克、速溶纯黑咖啡粉 2 克、牛奶 150 克、淡奶油 100 克

制作步骤示意图

图 1

图 2

图 3

制作步骤

1. 鸡蛋中加入细砂糖，搅拌至糖融化。

2. 加入淡奶油和牛奶中搅拌均匀。（图1）

3. 黑咖啡粉加入适量水（分量外），调成咖啡浓缩汁，加入上一步的混合液中。

4. 把制作好的布丁液过筛，滤掉布丁液里的一些没有搅拌融化的颗粒，使烤焙出来的布丁液更细腻。（图2）

5. 吐司切成小丁，放到高温烤碗中，装七分满，倒入布丁液。（图3）

6. 预热烤箱至180℃，放置中层烤焙30分钟即可。

凌尔尔说

1. 吐司丁要把布丁液吸收透，但布丁液不一定要淹没面包，可以是到吐司丁的八九分处，因为烤焙的时候布丁液会鼓起，所以不要放太多。
2. 如果使用速溶咖啡粉，请用无添加奶精的纯黑咖啡粉。如果不用速溶咖啡，亦可用意式浓缩咖啡（espresso）。❤

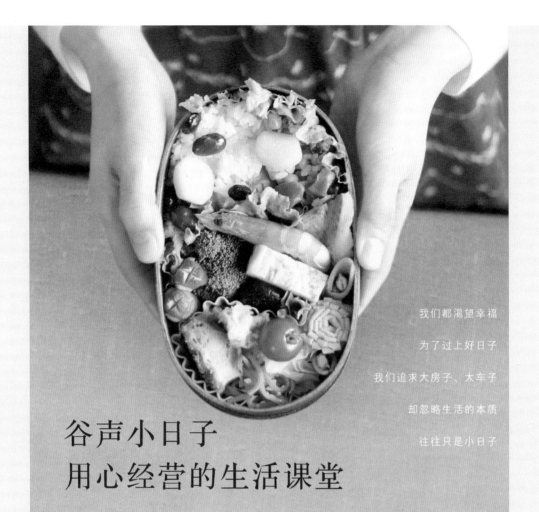

我们都渴望幸福

为了过上好日子

我们追求大房子、大车子

却忽略生活的本质

往往只是小日子

谷声小日子
用心经营的生活课堂

"谷声小日子"现已出版：

《爱讲故事的爸爸是最好的爸爸》

《假如，给你一间老房子》

《好想为你做便当》

《我的料理小时代1：60道最幸福的烘焙》

《我的料理小时代2：60道最贴心的家常菜》

《我的料理小时代3：60道最温暖的米饭面食》

"谷声小日子"还将推出：　　　　关于童趣橡皮章

关于手工果酱　　　　　关于文艺葡萄酒

—

谷声官方网店上线啦！

从图书到礼物，我们想分享更多关于生活的美学……

谷 声 有 礼

送 给 你 喜 欢 的 人 ， 你 喜 欢 的 礼 物

阅 读　　小 日 子　　文 艺　　分 享

扫描二维码进入谷声有礼

或在淘宝上搜索店铺：谷声有礼

MARK
麦客文化